江西理工大学清江学术文库

N'-磺酰芳基肼的应用研究

Application Research of N'-sulfonyl Arylhydrazine

刘晋彪　李金辉　王瑞祥　著

北　京
冶金工业出版社
2020

内 容 简 介

本书主要介绍了基于 C—N 键断裂的偶联反应和对甲苯磺酰腙的 N-烷基化反应，并研究了 N'-磺酰芳基肼参与的自身偶联反应、Suzuki 交叉偶联反应、Heck 偶联反应、Sonogashira 偶联反应，以及研究了 N'-磺酰芳基肼在铜催化条件下的芳基化反应和 N'-磺酰芳基肼与萘酚制备苏丹红染料。

本书可供从事有机合成的设计人员、科研人员与管理人员参考，也可以为从事过渡金属催化偶联反应研究的科研人员及化学化工专业师生提供借鉴。

图书在版编目(CIP)数据

N'-磺酰芳基肼的应用研究/刘晋彪，李金辉，王瑞祥著. —北京：冶金工业出版社，2020.10
ISBN 978-7-5024-8628-0

Ⅰ.①N… Ⅱ.①刘… ②李… ③王… Ⅲ.①磺化剂—研究 Ⅳ.①TQ047.1

中国版本图书馆 CIP 数据核字(2020)第 201058 号

出版人　苏长永

地　　址　北京市东城区嵩祝院北巷39号　邮编　100009　电话　(010)64027926
网　　址　www.cnmip.com.cn　电子信箱　yjcbs@cnmip.com.cn
责任编辑　王　双　美术编辑　郑小利　版式设计　禹　蕊
责任校对　李　娜　责任印制　李玉山

ISBN 978-7-5024-8628-0

冶金工业出版社出版发行；各地新华书店经销；北京建宏印刷有限公司印刷
2020年10月第1版，2020年10月第1次印刷
169mm×239mm；8印张；152千字；117页
54.00元

冶金工业出版社　　投稿电话　(010)64027932　投稿信箱　tougao@cnmip.com.cn
冶金工业出版社营销中心　电话　(010)64044283　传真　(010)64027893
冶金工业出版社天猫旗舰店　yjgycbs.tmall.com

(本书如有印装质量问题，本社营销中心负责退换)

前　言

交叉偶联反应是形成碳—碳键、碳—杂键等化学键最重要的方法之一。卤代物和三氟甲磺酸酯作为亲电试剂被广泛地应用于各种偶联反应中。近年来，作为重氮化合物前体的对甲苯磺酰腙受到较多关注，在许多交叉偶联反应中表现突出，具有很好的应用前景。我们注意到N'-磺酰芳基肼也是一类安全易得的重氮化合物前体，但鲜见文献报道。本书重点阐述了N'-磺酰芳基肼在多种交叉偶联反应中的性能，目的是介绍一类新型高效偶联试剂，拓宽拓广反应的适用范围，发展简单实用的合成方法学。

本书共分8章。第1章主要综述了含C—N键化合物如芳基重氮盐，以及含C=N键化合物如重氮化合物和磺酰腙参与的各种交叉偶联反应研究进展；第2章主要研究了无过渡金属催化下对甲苯磺酰腙的N-烷基化反应；第3章主要研究了N'-磺酰芳基肼的自身偶联反应；第4章主要研究了N'-磺酰芳基肼参与的Suzuki交叉偶联反应；第5章主要研究了N'-磺酰芳基肼与烯烃和炔烃的Heck和Sonogashira偶联反应；第6章主要研究了N'-磺酰芳基肼在铜催化条件下的芳基化反应；第7章主要研究了N'-磺酰芳基肼与萘酚制备苏丹红染料；第8章对相关研究工作进行了总结。

本书是根据作者近年研究工作取得的成果撰写而成，是作者研究团队集体智慧的结晶。本书特别感谢鲁桂教授的悉心指导与帮助，同时也感谢李金辉教授、王瑞祥教授、彭以元教授、吴劼教授、邱观音生教授、杨民博士、刘诗咏教授、刘昆明博士、廖富民博士、熊道陵教授、张彩霞副教授、李立清副教授等同仁的大力支持。

本书所研究内容及图书出版得到了江西理工大学清江学术文库、国家自然科学基金（项目号：21502075，21762018，21961014）、江西省自然科学基金（项目号：20171BAB213008，20192BCBL23009）和江西理工大学清江青年拔尖人才计划的资助，作者谨在此一并表示衷心的感谢。

由于作者水平和学术能力所限，书中不足之处，恳请广大读者及同行不吝赐教。

作　者
2020 年 5 月

目 录

1 含碳氮化合物参与的偶联反应综述 ················· 1
  1.1 引言 ··· 1
    1.1.1 含 C—N 键化合物参与的偶联反应 ················· 1
    1.1.2 含 C=N 键化合物参与的偶联反应 ················· 5
  1.2 小结 ··· 21
  1.3 本书研究内容 ·· 22
  参考文献 ··· 23

2 无过渡金属催化下对甲苯磺酰脒的 N-烷基化反应 ················· 29
  2.1 对甲苯磺酰脒的 N-烷基化反应简介 ················· 29
  2.2 对甲苯磺酰脒的 N-烷基化反应实验部分 ················· 30
    2.2.1 化学试剂与仪器 ································· 30
    2.2.2 无过渡金属催化下对甲苯磺酰脒的 N-烷基化反应 ················· 30
  2.3 对甲苯磺酰脒的 N-烷基化反应研究 ················· 31
  2.4 对甲苯磺酰脒的 N-烷基化反应小结 ················· 38
  2.5 对甲苯磺酰脒的 N-烷基反应相关产物数据表征 ················· 38
  参考文献 ··· 44

3 N'-磺酰芳基肼的自身偶联反应研究 ················· 45
  3.1 自身偶联反应简介 ···································· 45
  3.2 自身偶联反应实验部分 ································ 45
    3.2.1 化学试剂与仪器 ································· 45
    3.2.2 N'-磺酰芳基肼的制备 ······························ 46
    3.2.3 钯催化 N'-磺酰芳基肼的自身偶联 ················· 46
  3.3 自身偶联反应研究 ···································· 46
  3.4 自身偶联反应小结 ···································· 49
  3.5 自身偶联反应相关产物数据表征 ······················ 50
  参考文献 ··· 51

4 N'-对甲苯磺酰芳基肼参与的 Suzuki 偶联反应研究 ································ 52

    4.1 Suzuki 偶联反应简介 ·· 52
    4.2 Suzuki 偶联反应实验部分 ·· 52
    4.3 Suzuki 偶联反应结果与讨论 ·· 53
    4.4 Suzuki 偶联反应小结 ·· 60
    4.5 Suzuki 偶联反应相关产物数据表征 ·· 60
    参考文献 ·· 66

5 N'-对甲苯磺酰芳基肼参与的 Heck 和 Sonogashira 偶联反应研究 ········· 68

    5.1 Heck 和 Sonogashira 偶联反应简介 ·· 68
    5.2 Heck 和 Sonogashira 偶联反应实验部分 ·· 68
        5.2.1 N'-对甲苯磺酰芳基肼与烯烃的交叉偶联反应 ··························· 68
        5.2.2 N'-对甲苯磺酰芳基肼与炔烃的交叉偶联反应 ··························· 68
    5.3 Heck 和 Sonogashira 偶联反应结果与讨论 ·· 69
        5.3.1 N'-对甲苯磺酰芳基肼与烯烃的 Heck 偶联反应 ······················· 69
        5.3.2 N'-对甲苯磺酰芳基肼与炔烃的 Sonogashira 偶联反应 ··········· 72
    5.4 Heck 和 Sonogashira 偶联反应小结 ·· 75
    5.5 相关产物数据表征 ·· 75
    参考文献 ·· 80

6 铜催化 N'-磺酰芳基肼的芳基化反应研究 ·· 81

    6.1 多取代肼的合成简介 ·· 81
    6.2 N'-磺酰芳基肼的芳基化反应实验部分 ·· 81
    6.3 N'-磺酰芳基肼的芳基化反应研究 ·· 82
    6.4 N'-磺酰芳基肼的芳基化反应结论 ·· 83
    6.5 相关产物数据表征 ·· 83
    参考文献 ·· 87

7 基于 N'-磺酰芳基肼的偶氮染料的合成 ·· 89

    7.1 偶氮染料的合成简介 ·· 89
    7.2 N'-磺酰芳基肼制备偶氮染料的实验部分 ·· 90
    7.3 基于 N'-磺酰芳基肼的偶氮染料的合成研究 ·· 90
    7.4 基于 N'-磺酰芳基肼的偶氮染料的合成小结 ·· 91
    7.5 相关产物数据表征 ·· 92

参考文献 ·· 95
8 结论与展望 ·· 96
附录　代表性化合物核磁图谱 ·· 98

1 含碳氮化合物参与的偶联反应综述

1.1 引言

碳—碳和碳—杂键的构建通常被视为有机合成的核心问题之一，是将简单前体转变为复杂分子的关键步骤。自20世纪70年代以来，随着Kumada、Heck、Sonogashira、Negishi、Suzuki等偶联反应的陆续发现，过渡金属催化的交叉偶联反应发展十分迅速，已经成为有机化学领域最有效的合成工具之一[1]。

通常交叉偶联反应（cross-coupling reaction）是指，在过渡金属催化下有机金属试剂和亲电试剂反应生成碳—碳、碳—氮、碳—氧、碳—硫等键的化学转变（见图1-1）。其反应过程一般经历亲电试剂对零价金属的氧化加成，然后与有机金属试剂发生金属交换，最后还原消除得到交叉偶联产物。虽然卤代物和三氟甲磺酸酯作为亲电试剂已广泛用于这类反应中，但是寻找新的更加高效的亲电试剂，拓宽此类反应应用范围，仍然十分重要。

$R^1{-}X + R^2{-}M' \xrightarrow{\text{Cat.([M])}} R^1{-}R^2$

X=I, Br, Cl, OTf, OTs

M'=Mg, B, Zn, Si

Cat.([M])=[Pd], [Ni], [Cu], [Rh], [Ag]

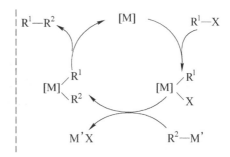

图1-1 交叉偶联反应

含碳—氮化合物如芳基重氮盐[2]，芳基三甲基铵盐[3]和芳基三氮烯[4]作为另一类亲电试剂已用于很多交叉偶联反应中。最近几年来，作为重氮化合物的前体，对甲苯磺酰腙参与的偶联反应逐渐成为化学家们关注的热点之一[5]。

1.1.1 含 C—N 键化合物参与的偶联反应

1.1.1.1 芳基重氮盐参与的偶联反应

芳基重氮盐一般由芳香胺与亚硝酸钠或亚硝酸在低温及过量无机酸存在下发

生重氮化反应制取[6]。在过渡金属钯催化下，重氮盐能够与 Pd(0) 结合，参与多种偶联反应（见图 1-2）。

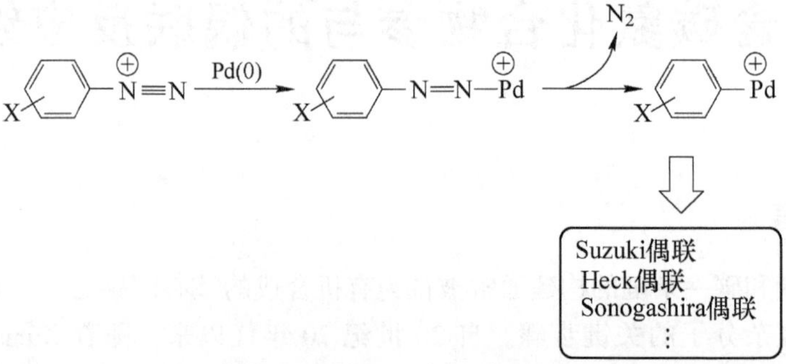

图 1-2　重氮盐参与的偶联反应

Genet[7]和 Sengupta[8]几乎同时报道了 Pd(OAc)$_2$ 催化的芳基硼酸和芳基重氮盐的 Suzuki 偶联反应（见图 1-3）。该反应不需添加任何碱和配体，具有良好的官能团耐受性。反应受溶剂和温度的影响较大，在 1,4-二氧六环/常温或甲醇/回流条件下，能得到较好的产率。

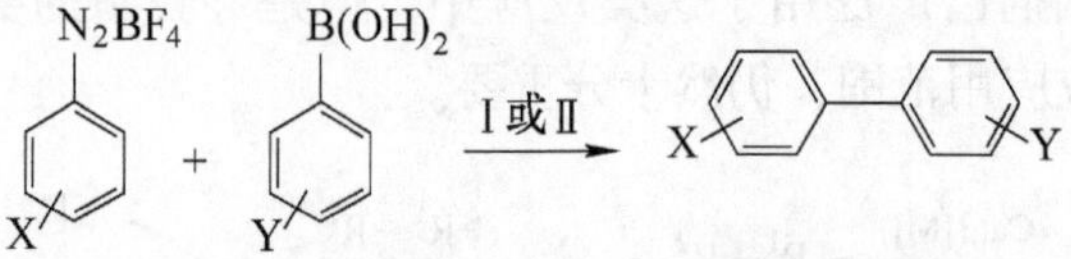

Ⅰ—Pd(OAc)$_2$（摩尔分数5%），二氧六环，常温
Ⅱ—Pd(OAc)$_2$（摩尔分数10%），甲醇，回流

图 1-3　重氮盐参与的 Suzuki 偶联反应

1977 年后，Kikukawa 和 Matsuda 先后报道了芳基重氮盐与乙烯的 Heck 偶联反应（见图 1-4）[9]。该反应能够在常温下，得到较高产率的芳基乙烯产物。但吸电子基取代的芳基重氮盐在该体系中效果较差。

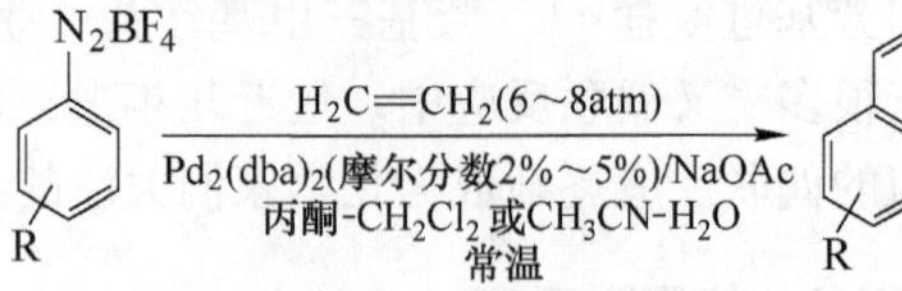

图 1-4　重氮盐与乙烯的 Heck 偶联反应（1atm=101325Pa）

在此之后，重氮盐参与的 Heck 偶联反应报道较少。直到近年来，Felpin[10]在该领域做了很多工作。在 2010 年，他们报道了重氮盐和 2-芳基丙烯酸酯的

Heck 偶联反应，可以高效制备具有很高立体专一性的多取代丙烯酸酯（见图 1-5）。

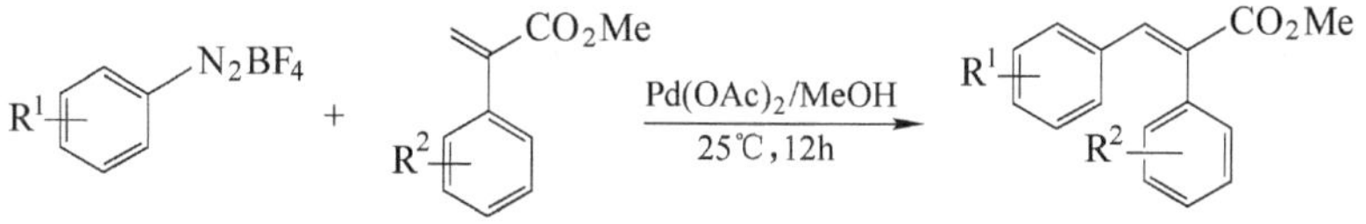

图 1-5 重氮盐与芳基丙烯酸酯的 Heck 偶联反应

此外，Genet 等人[11]还对卤代芳基重氮盐在 Heck 偶联反应中的活性进行了研究（见图 1-6），发现当重氮盐芳环对位上为溴取代时，Heck 反应选择性地发生在重氮基位；当对位上为较活泼的碘取代时，反应才有 10% 的双偶联产物生成。由此说明，重氮盐的活性远大于一般的卤代物，这也为分步选择性地实现多种偶联反应提供了可能。

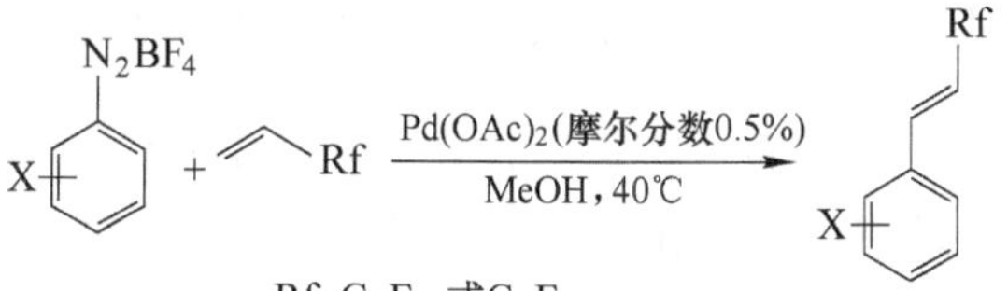

图 1-6 卤代芳基重氮盐选择性 Heck 偶联反应

尽管钯催化重氮盐参与的 Suzuki 和 Heck 偶联反应已有大量报道，但其参与的 Sonogashira 偶联反应仍然是一个挑战。直到 2010 年，Sarkar[12] 和 Cacchi[13] 分别报道了 Pd-Au 和 Pd-Cu 催化的重氮盐和炔烃的 Sonogashira 偶联反应（见图 1-7）。碱的种类对此类反应影响很大，使用无机碱时反应基本不发生，而有机碱却能顺利催化该反应。

$$R-\!\!\!\equiv\!\!\!- + ArN_2BF_4 \xrightarrow{\text{I 或 II}} R-\!\!\!\equiv\!\!\!- Ar$$

I—$PdCl_2$(4%), AuCl(1%), ^{i}Pr NHC(5%), DBMP, MeCN, 常温
II—$PdCl_2(PPh_3)_2$(2%), CuI(4%), nBu$_4$NI(2%), Et$_2$NH, MeCN, 常温

图 1-7 重氮盐参与的 Sonogashira 偶联反应（摩尔分数）

芳基重氮盐作为亲电试剂参与钯催化的交叉偶联反应已见诸多报道，但是其自身偶联反应却一直未见报道。2012 年，Song 等人[14]报道了一类氯化亚铁催化下芳基重氮盐的自身偶联反应（见图 1-8）。反应条件温和，底物适应性广，可高产率地制备对称联芳基化合物。

2010 年，Wang 等人[15]报道了在无过渡金属条件下，芳基重氮盐参与的构

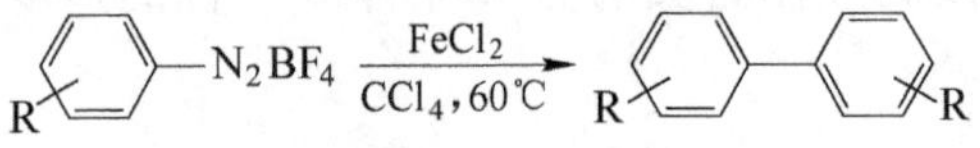

$$R\text{—}\langle\text{Ar}\rangle\text{—}N_2BF_4 \xrightarrow[CCl_4, 60℃]{FeCl_2} R\text{—}\langle\text{Ar}\rangle\text{—}\langle\text{Ar}\rangle\text{—}R$$

图 1-8　重氮盐参与的自身偶联反应

建碳—硼键的交叉偶联反应（见图 1-9）。常温下，芳香胺与亚硝酸叔丁酯原位生成重氮盐，再与联硼酸频那醇酯反应，顺利得到芳基硼酸频那酯。该反应首次实现了芳基硼试剂的无金属催化合成。

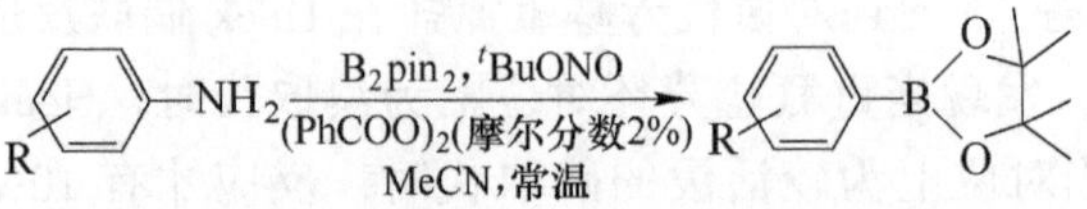

$$R\text{—}\langle\text{Ar}\rangle\text{—}NH_2 \xrightarrow[\text{MeCN, 常温}]{B_2pin_2,\,{}^tBuONO,\,(PhCOO)_2(\text{摩尔分数}2\%)} R\text{—}\langle\text{Ar}\rangle\text{—}B\begin{pmatrix}O\\O\end{pmatrix}$$

图 1-9　重氮盐参与的碳—硼键合成

1.1.1.2　芳基三甲基铵盐和芳基三氮烯参与的偶联反应

2003 年，MacMillan[16]首次报道了芳基三甲基铵盐参与的 Suzuki 交叉偶联反应（见图 1-10）。反应在镍盐催化下，氮杂卡宾为配体，高产率地合成了系列联芳烃类化合物。

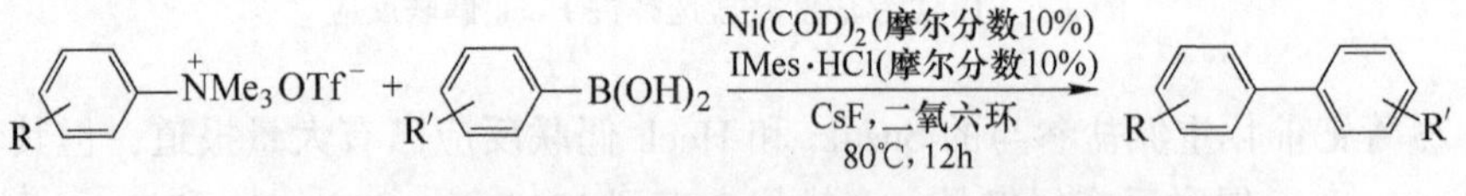

$$R\text{—}\langle\text{Ar}\rangle\text{—}\overset{+}{N}Me_3 OTf^- + R'\text{—}\langle\text{Ar}\rangle\text{—}B(OH)_2 \xrightarrow[\substack{CsF,\text{二氧六环}\\80℃,12h}]{\substack{Ni(COD)_2(\text{摩尔分数}10\%)\\IMes\cdot HCl(\text{摩尔分数}10\%)}} R\text{—}\langle\text{Ar}\rangle\text{—}\langle\text{Ar}\rangle\text{—}R'$$

图 1-10　芳基三甲基铵盐参与的 Suzuki 交叉偶联反应

2004 年，Tamao 等人[17]报道了 1-芳基三氮烯与芳基硼酸的 Suzuki 交叉偶联反应（见图 1-11）。该反应在化学计量路易斯酸（三氟化硼乙醚）存在下，以零价钯为催化剂，三叔丁基膦为配体，常温下 10min 内就能反应完全。

$$Ar\text{—}N\text{=}N\text{—}NR_2 + Ar'\text{—}B(OH)_2 \xrightarrow[\text{DME,常温,10min}]{BF_3\cdot OEt_2(1.0\text{当量})\\Pd(0)/P(t\text{-}Bu)_3} Ar\text{—}Ar'$$

图 1-11　芳基三氮烯参与的 Suzuki 偶联反应

通过对含 C—N 键化合物作为亲电试剂参与偶联反应的总结，我们可以看出这类化合物与传统的卤代芳烃相比具有一定优势。比如重氮盐的反应活性高，无需碱性条件；而三氮烯参与反应时所需时间短。但是，它们也有自身的一些不足，例如这类化合物都不够稳定，具有一定爆炸性。这在很大程度上限制了该类反应在实际生产中的应用。

1.1.2　含 C=N 键化合物参与的偶联反应

1.1.2.1　重氮化合物参与的偶联反应

重氮化合物在有机合成中的应用已有很长的历史，它具有多种反应性能，特别是它能原位生成金属卡宾，继而参与多种反应，如环丙烷化反应、C—H 键插入反应和叶立德的形成等（见图 1-12）[18]，受到化学家们极大的关注。

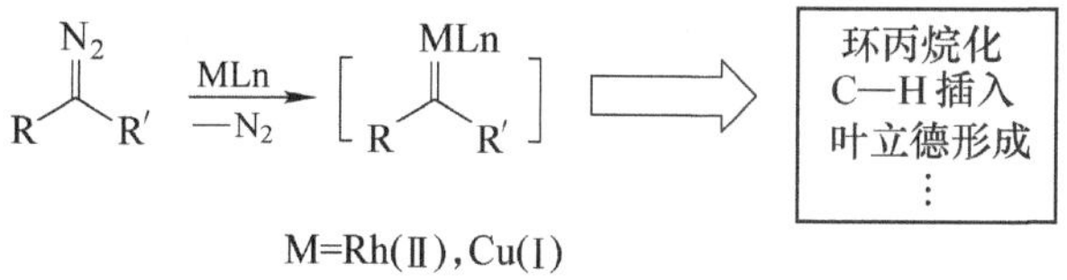

图 1-12　金属卡宾参与的反应

近年来，α-重氮羰基化合物参与的偶联反应方法学研究得到了迅速发展。由于α-重氮羰基化合物能够在实验室方便制备，其在偶联反应中的应用也较为广泛。α-重氮羰基化合物可以由对甲苯磺酰叠氮化物通过重氮基转移来制备（见图 1-13 (a)），端位的重氮乙酸酯则可以由前者通过甲醇钠处理而得（见图 1-13 (b)）[19]。

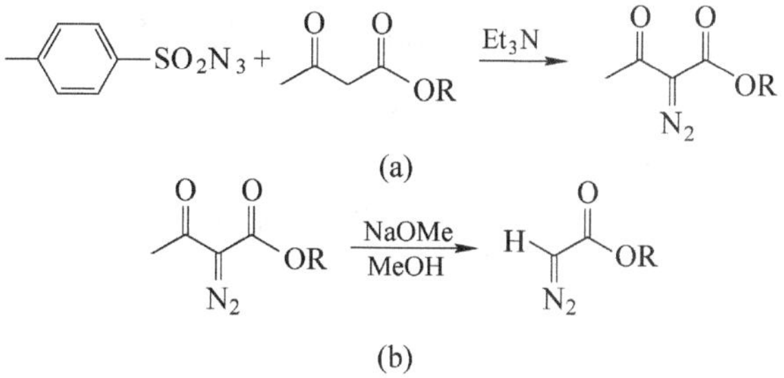

图 1-13　α-重氮羰基化合物的制备

2007 年，Davies 等人[20]报道了 α-重氮羰基化合物在不同过渡金属催化下，选择性的发生环丙烷化反应和 C—H 插入反应（见图 1-14）。他们发现，当使用一价 Ag(Ⅰ) 作为催化剂时，能高产率地得到环丙烷产物；当使用二价 Rh(Ⅱ) 作为催化剂时，主要得到的是 C—H 插入反应产物。

2007 年 Wang 等人[21]报道了 α-重氮酯作为碳亲核试剂与碘代物的交叉偶联反应，其中很特别的是，重氮基得到保留（见图 1-15）。α-重氮酯与一氧化碳和碘代物在零价钯的催化下，可以发生三组分反应，从而方便地制备α-重氮酮。此类反应为重氮化合物的合成提供了一个新思路。

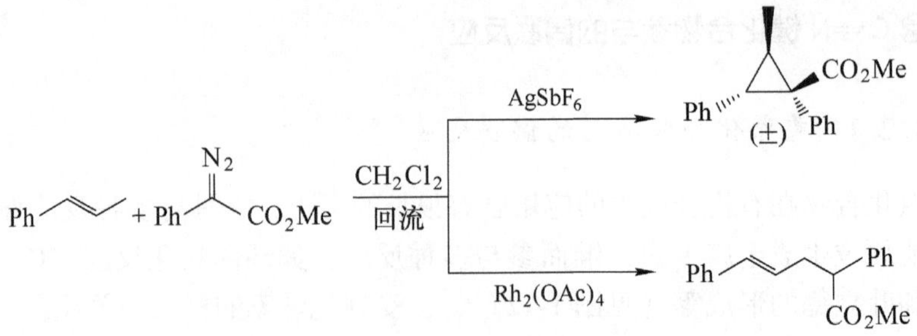

图 1-14 重氮化合物参与的环丙烷化和 C—H 插入反应

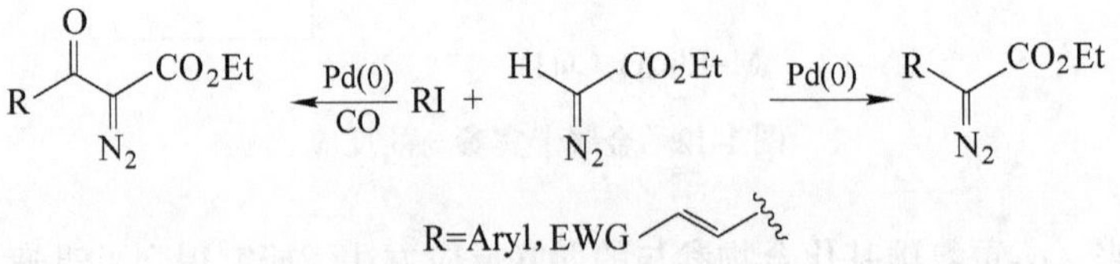

图 1-15 α-重氮酯与碘代物的反应

2001 年，Van Vranken 等人[22]首次报道了含钯卡宾中间体参与的交叉偶联反应。他们使用苄基卤作为亲电试剂，而三甲基硅基重氮甲烷（TMSCHN$_2$）作为卡宾前体。该反应可以制备多种苯乙烯的衍生物，产率中等（见图 1-16）。

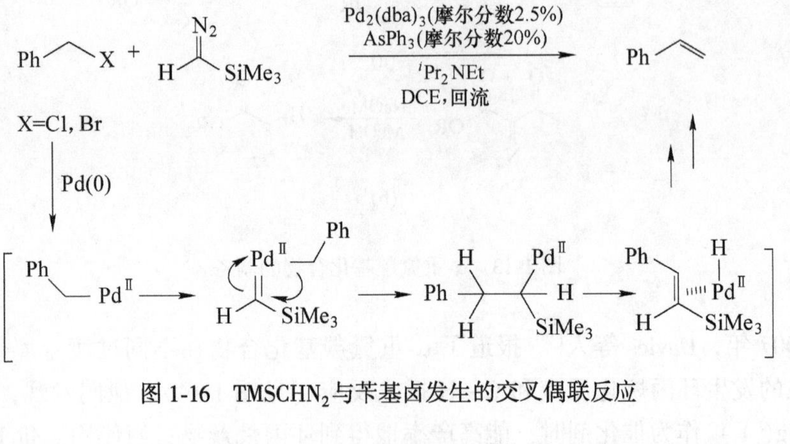

图 1-16 TMSCHN$_2$ 与苄基卤发生的交叉偶联反应

2008 年，Yu 等人[23]报道了 α-重氮羰基化合物与苄溴发生钯催化交叉偶联，高效地制备了多取代 α, β-不饱和酯，E/Z 比大于 20∶1（见图 1-17）。

2008 年，Wang 等人[24]报道了钯催化芳基硼酸与 α-重氮羰基化合物的氧化偶联反应（见图 1-18）。该方法可以方便制得多种 α, β-不饱和羰基化合物，产率较高。反应需要添加苯醌作为氧化剂，促使钯催化剂再生。其反应历程为：首

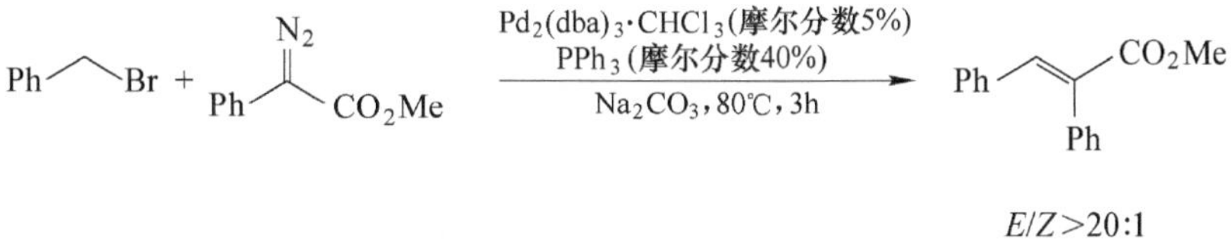

图 1-17　重氮化合物与苄溴的交叉偶联反应

先芳基硼酸与钯进行金属交换生成 Ar-Pd 络合物，之后 Ar-Pd 络合物与重氮化合物生成 Pd-卡宾中间体，然后进行芳基迁移，最后通过 β-H 消除得到终产物。

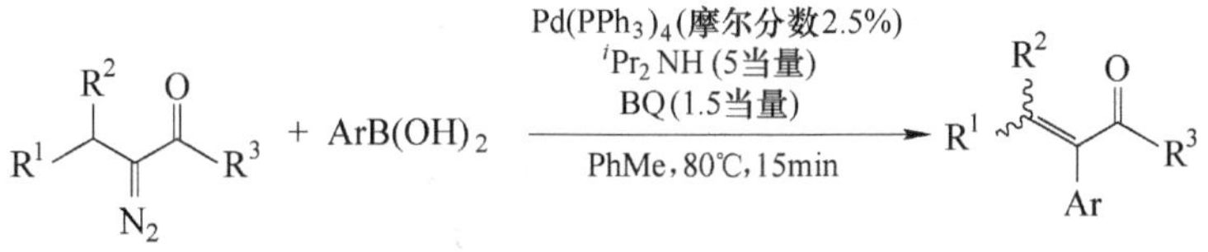

图 1-18　重氮化合物与芳基硼酸的氧化偶联反应

Yu 等人[25]报道了铑催化 α-重氮酯、芳基硼试剂和卤代烃的三组分偶联反应，合成了系列具有季碳中心的二芳基酯（见图 1-19）。反应同样经历了金属卡宾的形成和芳基的迁移。最后在碱的作用下，与卤代烃发生烷基化反应，得到终产物。

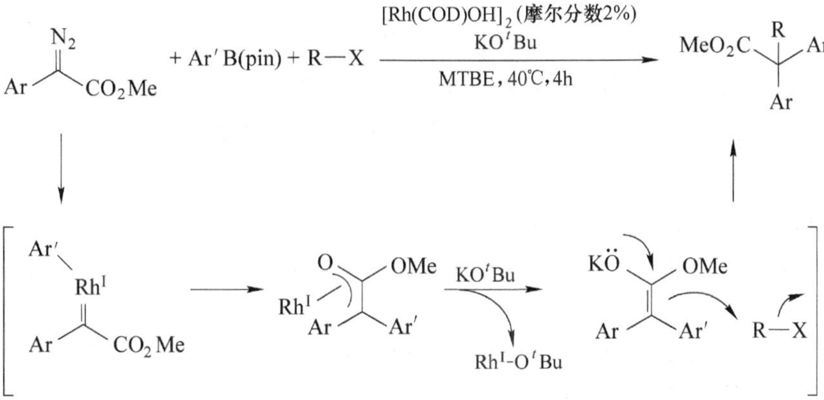

图 1-19　重氮化合物参与的三组分偶联反应

此外，α-重氮羰基化合物还可以和一些杂环发生 C—H 插入反应，生成新的 C—H 插入产物。如 Satheesh 等人[26]报道了吡咯和重氮羰基化合物，在三溴化铟和三氟甲磺酸铜的共催化下，常温就能得到 2 位和 3 位取代的吡咯衍生物，但该反应 2，3 位的区域选择性不高（见图 1-20）。

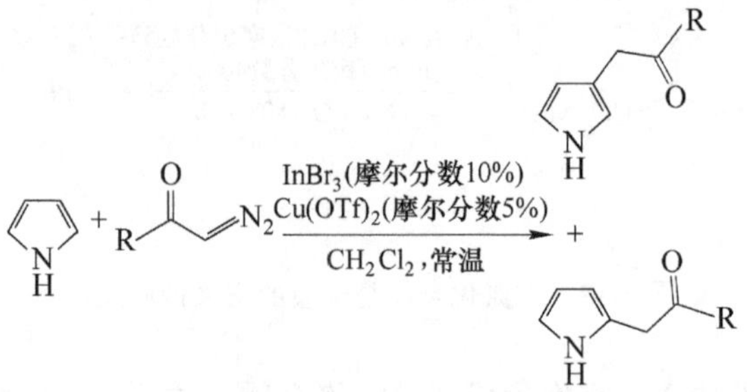

图 1-20 重氮化合物与吡咯反应

2012 年,Davies 等人[27]报道了一类无需金属催化 α-重氮酯与胺的反应（见图 1-21）。α-重氮酯在加热的条件下,能够脱去氮气生成卡宾中间体。卡宾中间体再与胺发生 N—H 插入,从而构建了新的碳—氮键。该方法适用于脂肪胺和芳香胺,为制备 α-氨基酸类衍生物提供了新的方法。

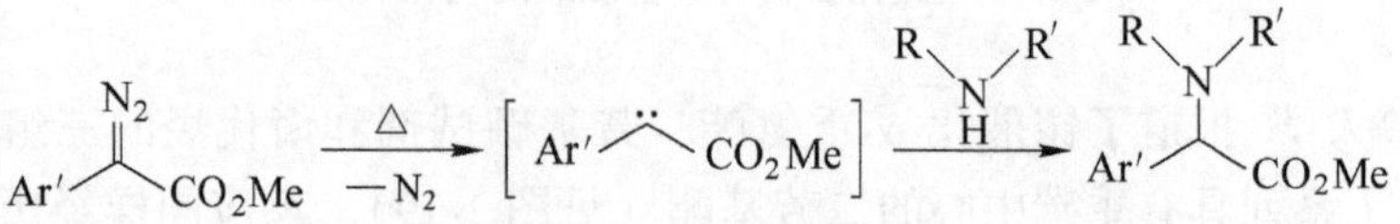

图 1-21 重氮化合物与胺构建新的 C—N 键

另外,在不对称合成方面,α-重氮羰基化合物也有着重要的应用。Doyle 课题组使用手性二价铑催化剂成功地实现了重氮化合物的不对称 C—H 插入反应。该反应可以高效地合成多种手性环内酯。例如,他们成功地全合成出（+）-白茅烯,其中的关键步骤为使用 $Rh_2(4S\text{-}MPPIM)_4$ 不对称催化分子内的 C—H 插入反应（见图 1-22）[28]。

2006 年,Davies 等人[29]报道了 α-重氮羰基化合物参与的分子间不对称 C—H 插入反应（见图 1-23）。该反应可以制备多种手性 β-氨基酸酯,对映选择性高。

另一方面,不对称 O—H 和 N—H 键的插入反应一直未见报道。直到 2006 年,Fu 等人[30]报道了用三氟甲磺酸铜和手性胺杂二茂铁催化,2-三甲基硅基乙醇作为 O—H 键供体的不对称 O—H 键插入反应（见图 1-24）。该反应具有高对映选择性,ee 值高达 98%。

2007 年,Zhou 等人[31]在 Cu（Ⅰ）催化下,成功地实现了不对称 N—H 键插入反应（见图 1-25）。当重氮基的 α 位为脂肪烃时,反应具有高对映选择性；但当其 α 位为苯基时,反应 ee 值很低。

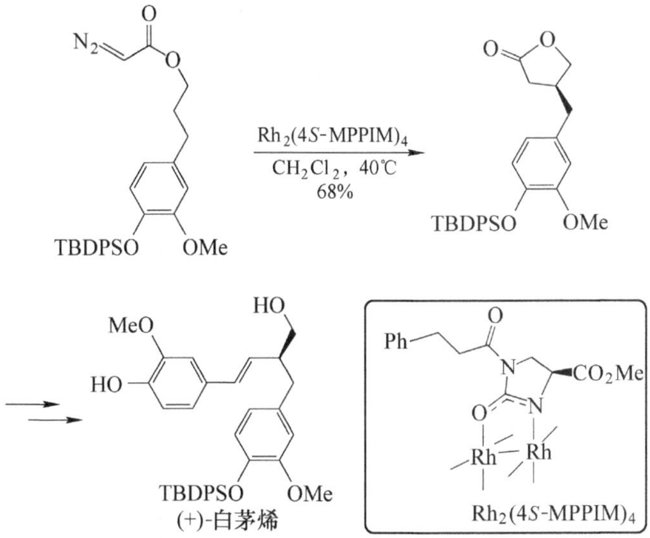

图 1-22 重氮化合物分子内的不对称 C—H 插入反应

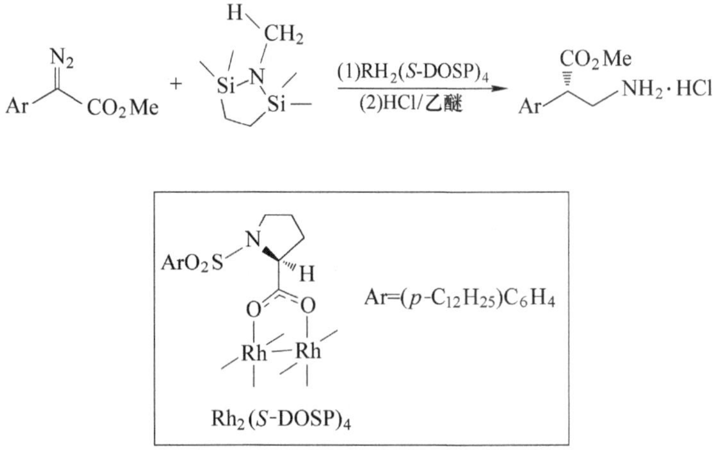

图 1-23 重氮化合物参与的分子间不对称 C—H 插入反应

1.1.2.2 过渡金属催化下对甲苯磺酰腙参与的偶联反应

我们知道，重氮化合物也可以由对甲苯磺酰腙发生 Bamford-Stevens 反应[32]而原位制得。相比重氮化合物，对甲苯磺酰腙具有许多优点，如更加经济易得、方便储存和稳定性好等。但是长期以来，对甲苯磺酰腙作为重氮化合物的前体来参与多种过渡金属催化的偶联反应一直未见报道。直到 2007 年，由 Barluenga[5]

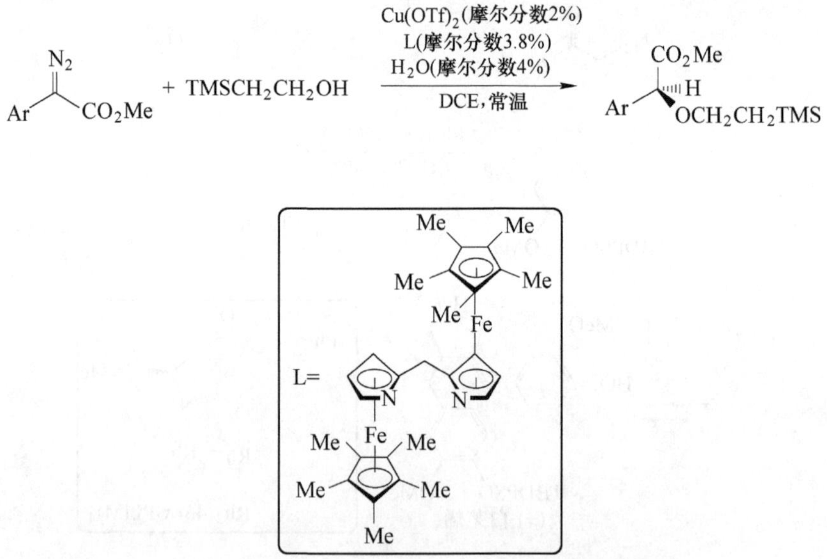

图 1-24　重氮化合物参与的不对称 O—H 键插入反应（摩尔分数）

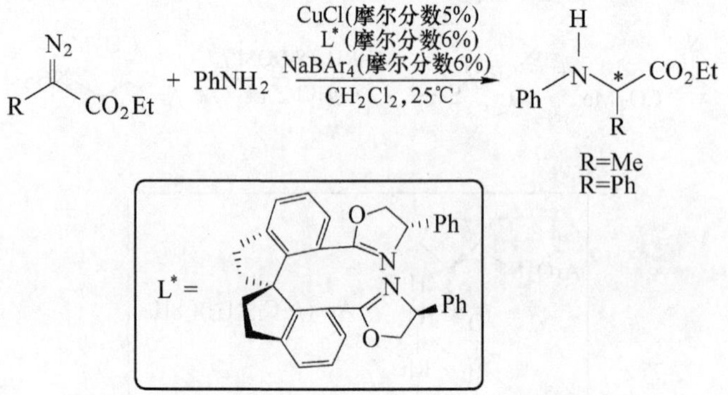

图 1-25　重氮化合物参与的不对称 N—H 键插入反应

首次报道了对甲苯磺酰腙原位生成重氮化合物，参与钯催化交叉偶联反应（见图 1-26）。自此，对甲苯磺酰腙迅速成为一类新型通用偶联试剂，被应用于多种过渡金属催化和无金属催化的交叉偶联反应中。

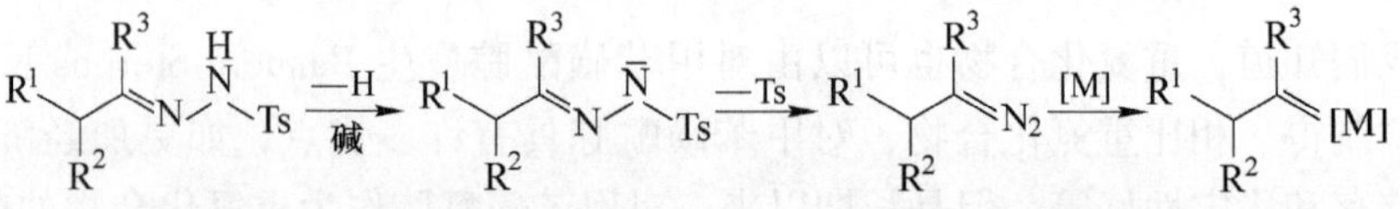

图 1-26　对甲苯磺酰腙原位生成重氮化合物与金属络合

Barluenga 报道的对甲苯磺酰腙与卤代芳烃的交叉偶联反应，是在过渡金属钯催化下，生成多取代烯烃（见图 1-27）[5]。由醛或酮制备的对甲苯磺酰腙，能够与溴代芳烃和氯代芳烃反应，生成二取代或三取代的烯烃，产率优秀。溴代芳烃和氯代芳烃上也可以含有其他吸电子或给电子基团，反应适应性广。该反应的立体选择性也非常好，大多数情况下生成的是 E 式产物，E/Z 比高达 98∶2。

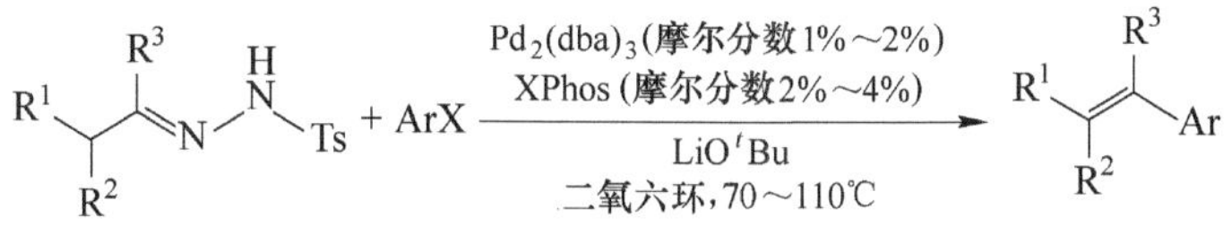

图 1-27　对甲苯磺酰腙与卤代芳烃的交叉偶联反应（摩尔分数）

Barluenga 等人提出了上述反应的可能机理（见图 1-28）[5]。对甲苯磺酰腙在叔丁醇锂的促进下，通过 Bamford-Stevens 反应分解生成重氮化合物。而卤代芳烃对 Pd(0) 催化剂进行氧化加成得到 Ar-Pd 络合物，然后重氮中间体和 Ar-Pd 络合物反应得到 Pd-卡宾络合物。此后金属卡宾发生一个芳基迁移得到烷基钯络合物，最终经历 β-H 消除得到交叉偶联产物，同时零价钯获得再生。

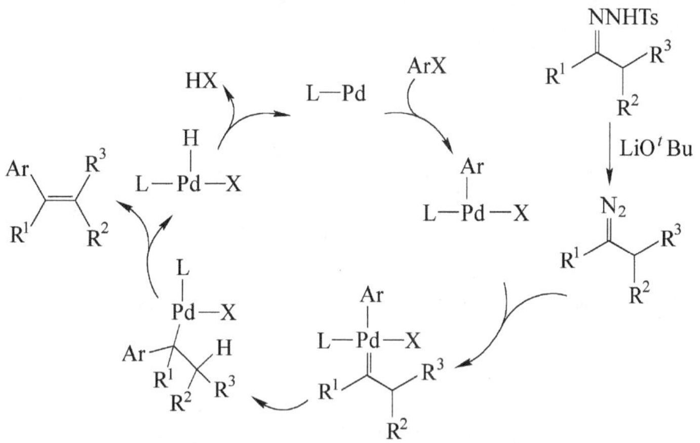

图 1-28　对甲苯磺酰腙与卤代芳烃发生交叉偶联反应的可能机理

随后，Barluenga 和 Valdés 等人[33]报道了一锅法酮或醛与对甲苯磺酰肼和卤代芳烃的三组分偶联反应（见图 1-29）。该方法通过酮或醛与对甲苯磺酰肼原位反应生成对甲苯磺酰腙，继而参与到后续的反应中。此一锅法与之前对甲苯磺酰腙直接参与的反应相比较，产率和立体选择性相当。利用该方法，他们还高效地合成出 4-芳基四氢吡啶，这是药物合成化学中一种非常重要的中间体（见图 1-30）。

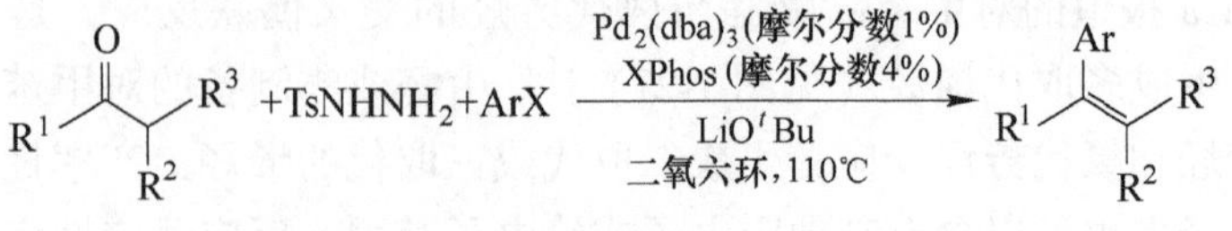

图 1-29　醛或酮与对甲苯磺酰肼和卤代芳烃的一锅法三组分偶联

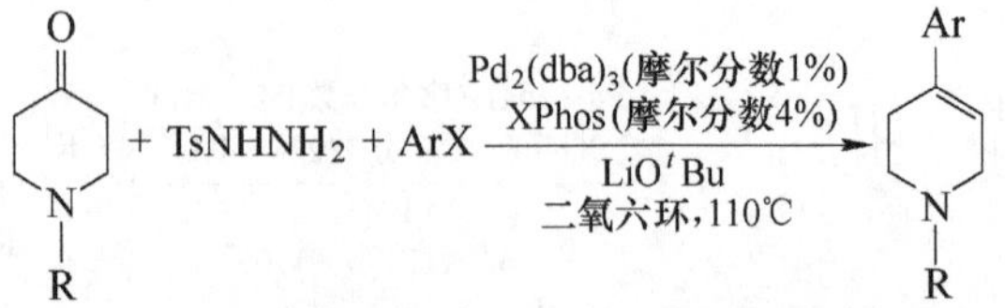

图 1-30　钯催化一锅法合成 4-芳基四氢吡啶

2010 年，Alami 和 Hamze 等人[34]报道了钯催化下具有立体位阻的对甲苯磺酰腙与卤代芳烃的交叉偶联反应（见图 1-31）。该反应可以高效合成大量四取代的烯烃，产率高。由于底物位阻较大，Barluenga 等人的催化体系（$Pd_2(dba)_3$/Xphos，叔丁醇锂，二氧六环，110℃）并不适用，他们通过优化钯源、配体、碱和溶剂后得到最优条件：$PdCl_2(MeCN)_2$/1,3-双（二苯基膦）丙烷，碳酸铯，二氧六环，90℃。运用此方法，Hartmann 等人[35]高效地合成出四取代烯烃衍生物 CYP17 抑制剂（见图 1-32）。

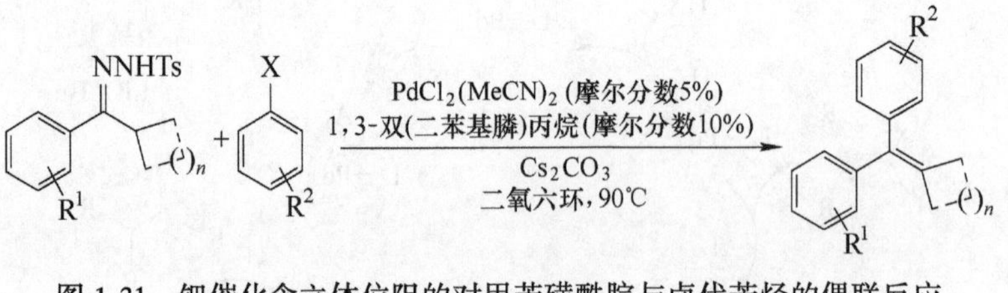

图 1-31　钯催化含立体位阻的对甲苯磺酰腙与卤代芳烃的偶联反应

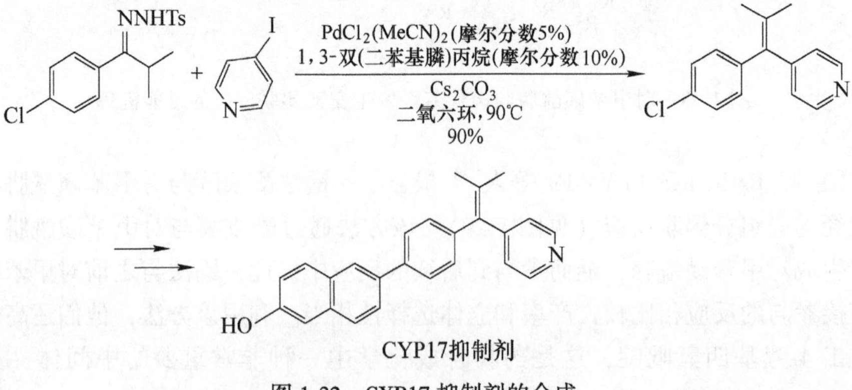

图 1-32　CYP17 抑制剂的合成

2009 年，Wang 等人[36]报道了钯催化芳甲基卤与对甲苯磺酰腙的交叉偶联反应（见图 1-33）。反应中，配体 P(2-furyl)$_3$ 起到非常关键的作用。其换成其他配体，反应基本无法发生。与 Barluenga 等人合成烯烃的方法不同，该反应是通过芳甲基迁移的历程。使用该方法，可以高产率和高立体选择性地制备多种二取代和三取代烯烃。

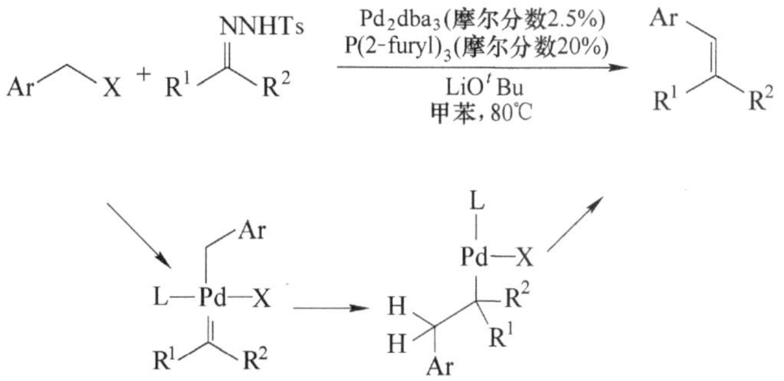

$$Ar\text{—}CH_2\text{—}X + R^1R^2C=NNHTs \xrightarrow[\text{甲苯,80℃}]{\substack{Pd_2dba_3(\text{摩尔分数}2.5\%)\\P(2\text{-furyl})_3(\text{摩尔分数}20\%)\\LiO^tBu}} Ar\text{—}CH=CR^1R^2$$

图 1-33　芳甲基卤与对甲苯磺酰腙的交叉偶联反应

近年来，两种亲核试剂间的氧化交叉偶联反应也已成为有机合成领域的研究热点[37]。2010 年，Wang 等人[38]报道了对甲苯磺酰腙与芳基硼酸的氧化交叉偶联反应（见图 1-34），在钯/铜催化下，可制备多种二芳基取代的端烯。该反应需要氧气做氧化剂，反应条件温和，产率较好。

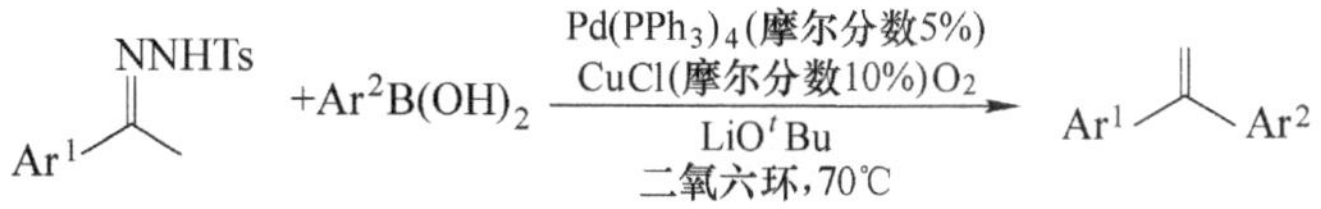

$$Ar^1\text{—}C(CH_3)=NNHTs + Ar^2B(OH)_2 \xrightarrow[\text{二氧六环,70℃}]{\substack{Pd(PPh_3)_4(\text{摩尔分数}5\%)\\CuCl(\text{摩尔分数}10\%)O_2\\LiO^tBu}} Ar^1\text{—}C(=CH_2)\text{—}Ar^2$$

图 1-34　芳基硼酸与对甲苯磺酰腙的氧化交叉偶联反应

2011 年，Wang 等人[39]报道了对甲苯磺酰腙与端炔的氧化交叉偶联反应（见图 1-35）。该反应在醋酸钯催化下，弱富电子 P(2-furyl)$_3$ 为配体，苯醌为氧化剂，叔丁醇锂为碱的情况下，高产率地实现多种共轭烯炔烃的合成。多种脂肪族、芳香族和杂芳香族端炔都能较好地参与反应。该反应经历了一个特殊的炔基迁移的历程，对拓宽氧化交叉偶联反应的范围具有很大意义。

同年，Wang[40]还报道了铜催化下，对甲苯磺酰腙与端炔可以反应生成累积烯烃（见图 1-36）。该反应经历了炔基迁移和炔烃的质子化历程，为累积烯烃的制备提供了一种高效的新方法。

此外，2011 年 Liang 等人[41]报道了一个有趣的反应，即钯催化下炔丙基碳酸酯与对甲苯磺酰腙的选择性偶联反应（见图 1-37）。研究发现，通过催化体系的选择，可以专一地得到对甲苯磺酰腙亲核进攻的产物或者累积烯烃类产物。该

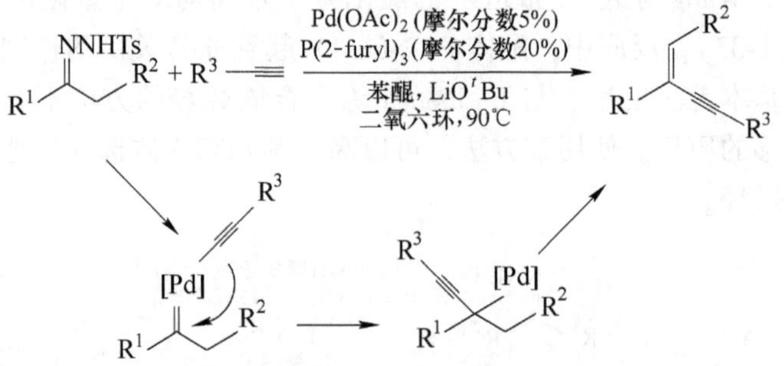

图 1-35 对甲苯磺酰腙与端炔的氧化交叉偶联反应

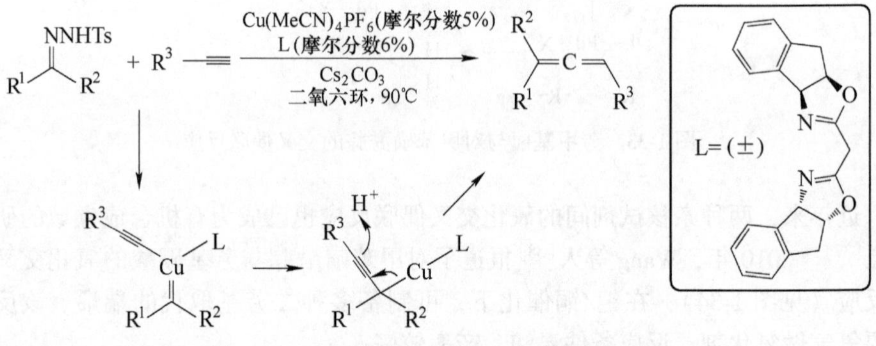

图 1-36 对甲苯磺酰腙与端炔反应制备累积烯烃

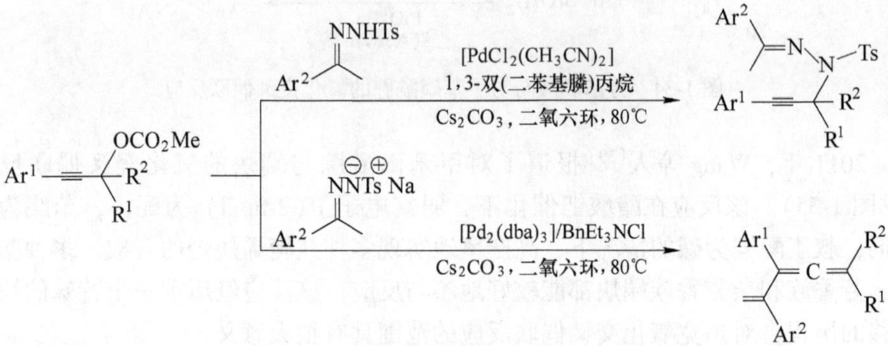

图 1-37 钯催化对甲苯磺酰腙与炔丙基碳酸酯的交叉偶联反应

反应很好地证明了对甲苯磺酰腙的亲核性，为深入考察对甲苯磺酰腙的化学反应性质提供了新的方向。

2012 年，Wang 等人[42]还报道了铜催化对甲苯磺酰腙与三烷基硅基乙炔反应制备乙炔衍生物（见图 1-38）。该反应为 C(sp)—C(sp^3) 键的构建提供了非常便捷的方法，底物适应性广。该反应也是羰基官能团转变为炔基非常有效的合成手段。

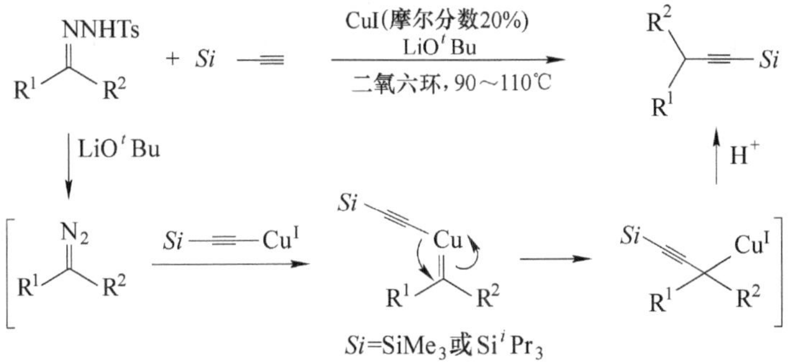

图 1-38　铜催化对甲苯磺酰腙与三烷基硅基乙炔的交叉偶联反应

相比上述反应 C(sp)—H 键的官能化，另外一个例子可以视为 C(sp^2)—H 键的官能化。即在铜催化下，对甲苯磺酰腙与噁唑类杂环反应，制备 2-烷基噁唑衍生物（见图 1-39）[43]。反应对脂肪族和芳香族醛或酮衍生的对甲苯磺酰腙都适用。

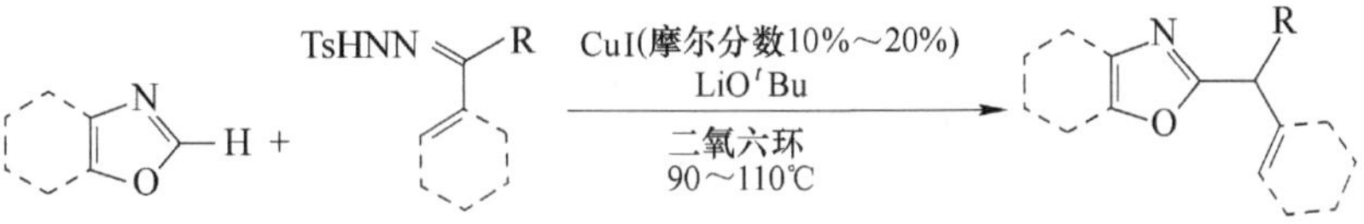

图 1-39　铜催化对甲苯磺酰腙与噁唑的交叉偶联反应

2012 年，Jiang[44] 报道了对甲苯磺酰腙与缺电子烯烃的选择性交叉偶联反应（见图 1-40）。该反应可通过改变烯烃取代基，来控制反应的化学选择性。当烯烃连有酰胺官能团时，反应生成的是环丙烷衍生物；当烯酮参与反应时，反应得到的是烯烃加成产物。

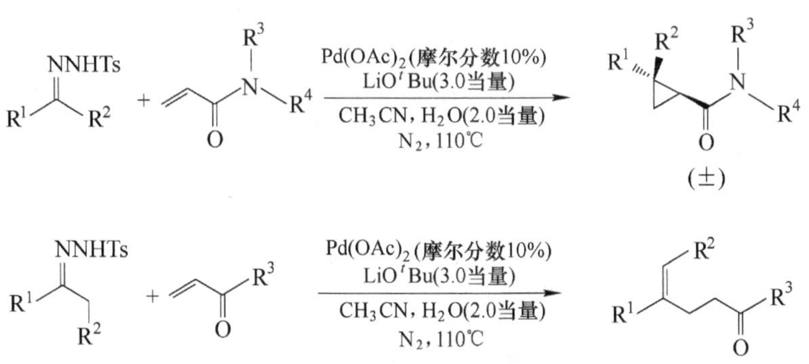

图 1-40　钯催化对甲苯磺酰腙与贫电子烯烃的偶联反应

Wang 等人[45]报道了对甲苯磺酰腙与端炔烃和芳基溴的三组分偶联反应,可用于制备多种炔烃衍生物(见图 1-41)。该方法通过钯、铜共催化,实现了对两种不同 C—C 键的构建($C(sp^2)$—$C(sp^3)$ 键和 $C(sp)$—$C(sp^3)$ 键)。研究发现,将芳基溴换成芳基碘可检测到部分 Sonogashira 偶联产物,而使用溴代芳烃能很好地抑制 Sonogashira 偶联的发生。

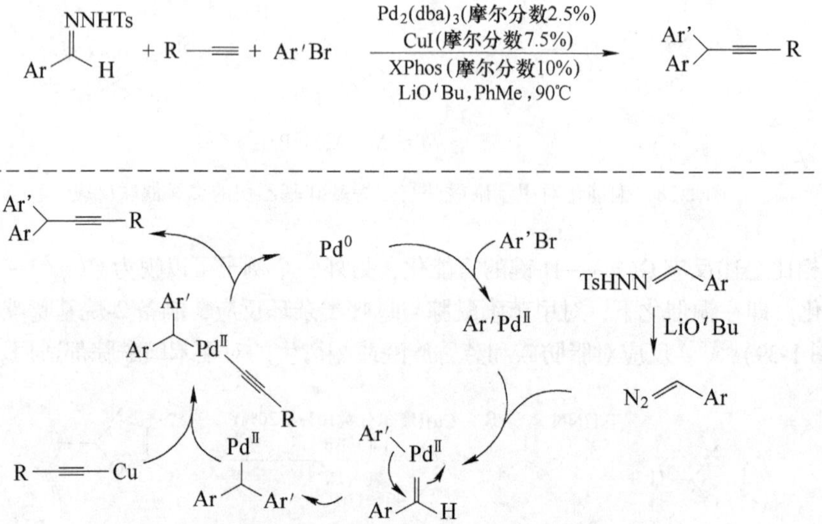

图 1-41 对甲苯磺酰腙与端炔烃和芳基溴的三组分偶联反应

基于以上对甲苯磺酰腙参与的构建新型 C—C 键的方法学研究,已有一些报道用于制备杂环化合物。例如,2011 年 Barluenga 和 Valdés 等人报道了钯催化 β-氨基酮与邻氯溴苯的串联反应来制备氢化啡啶衍生物,其关键步骤是对甲苯磺酰腙与溴代芳烃的交叉偶联反应和分子内的 C-N 偶联反应(见图 1-42)[46]。这里手性 β-氨基酮衍生的对甲苯磺酰腙,经过后续串联反应,得到手性产物。

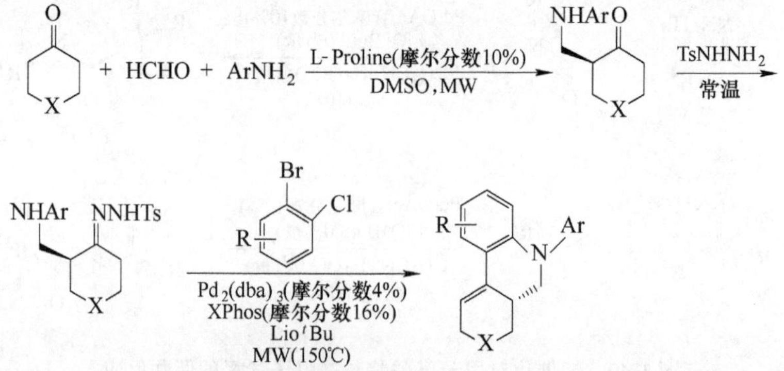

图 1-42 对甲苯磺酰腙参与的手性四氢啡啶的合成

铜可催化对甲苯磺酰腙与端炔的偶联反应得到累积烯烃,进而发生串联反应得到苯并呋喃、吲哚(见图1-43[47])以及菲(见图1-44[48])等衍生物。

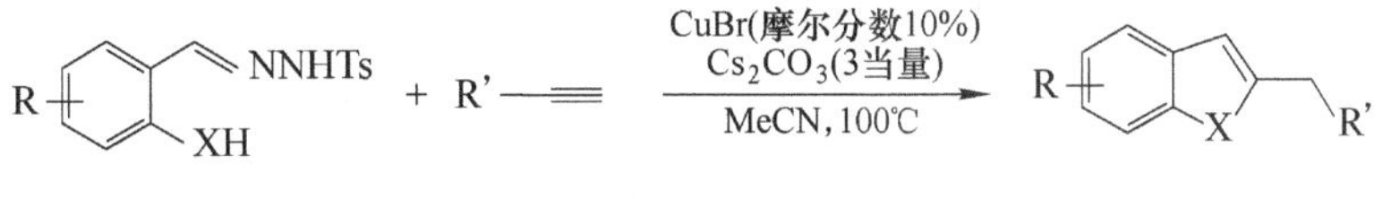

图1-43 铜催化邻羟基(氨基)对甲苯磺酰腙与端炔串联反应

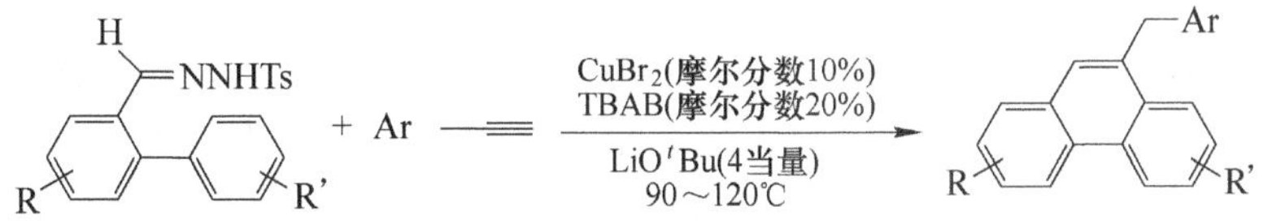

图1-44 铜催化邻芳香基对甲苯磺酰腙与端炔串联反应

除了钯催化和铜催化关环反应的例子,2012年,Wang等人[49]还报道了铑催化关环反应制备多环芳烃(见图1-45)。该方法可以方便制备三环、四环乃至多环稠环芳香化合物,产率较高,且原料来源经济。

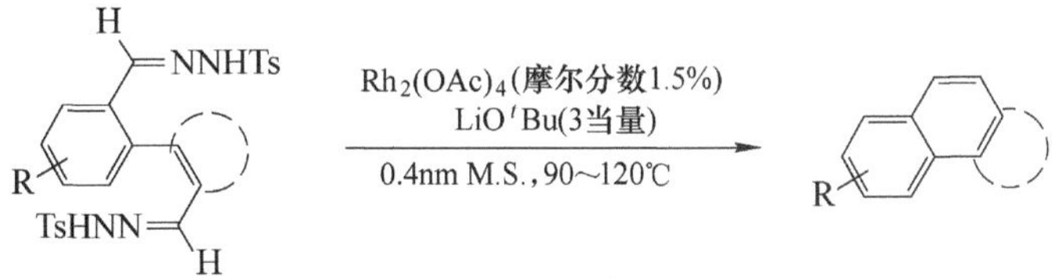

图1-45 铑催化稠环芳香化合物的制备

以上介绍均为过渡金属催化下对甲苯磺酰腙参与的构建各种C—C键的例子。近来,也有较多应用其参与构建碳—杂键的报道。例如,2011年Alami等人[50]报道了铜催化下对甲苯磺酰腙与脂肪胺发生的还原偶联反应,制备了一系列苄基取代的脂肪胺,产率最高可达80%(见图1-46)。遗憾的是,芳香胺不适用于该反应。

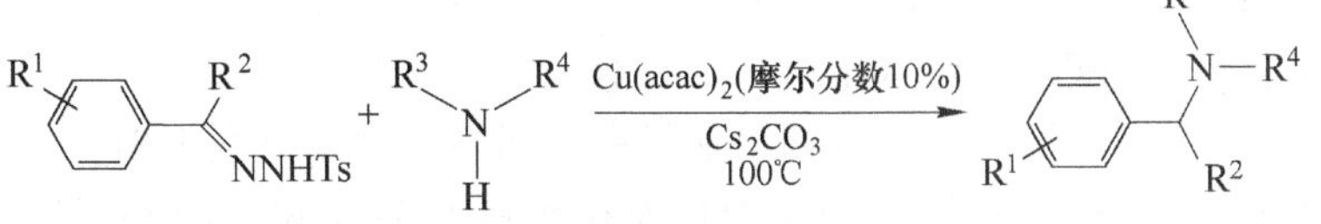

图1-46 铜催化对甲苯磺酰腙与脂肪胺的还原偶联反应

除了碳—氮键的构建，Yu[51]报道了铜催化对甲苯磺酰腙参与碳—砜键的构建（见图1-47）。其机理同样是对甲苯磺酰腙与金属形成金属卡宾，再与对甲苯磺酰负离子发生还原偶联而得。

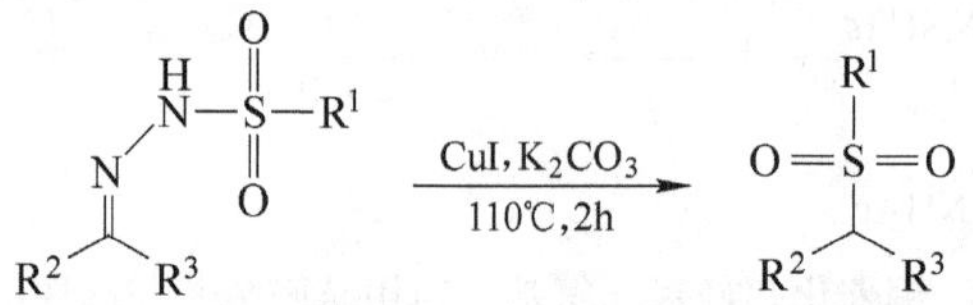

图1-47 铜催化对甲苯磺酰腙参与碳—砜键的构建

随后Barluenga[52]也报道了类似反应，不同点在于使用的是氯化铁催化剂（见图1-48）。相比Yu[51]的方法，反应条件更苛刻，需要更强的碱，且产率更低。说明在该类反应中铜盐的催化活性要比铁盐高。

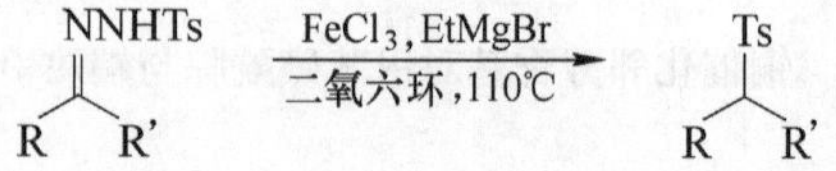

图1-48 铁催化对甲苯磺酰腙参与碳—砜键的构建

近期，Tang等人[53]报道了铜盐催化对甲苯磺酰腙与亚磷酸酯的交叉偶联反应，制备了系列烷基亚磷酸酯类化合物。该方法条件温和，产率高，底物适应性广（见图1-49）。

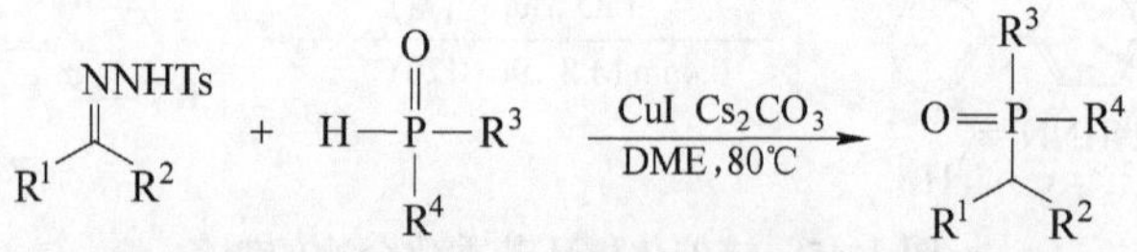

图1-49 铜催化对甲苯磺酰腙与亚磷酸酯的交叉偶联

1.1.2.3 无过渡金属催化下对甲苯磺酰腙参与的偶联反应

对甲苯磺酰腙在过渡金属催化下能发生多种偶联反应，在无过渡金属存在的情况下也能参与多种还原偶联反应。早在1994年，Kabalka等人[54]就报道了对甲苯磺酰腙与三烷基硼在无金属催化下发生还原偶联反应（见图1-50）。反应在亲核性碱如四丁基氢氧化铵的作用下，能高产率地得到烷基取代的芳烃。该反应机理推测为对甲苯磺酰腙在碱作用下生成卡宾三丁基硼烷进攻卡宾得到中间体硼化物，然后发生丁基迁移，最后硼烷基脱去得到终产物（见图1-51）。

2000年，Angle等人[55]报道了对甲苯磺酰腙与醛在碱性条件下发生偶联反应，制备了多种芳基酮化合物（见图1-52）。该反应也是利用对甲苯磺酰腙原位生成卡宾，再与醛发生反应，反应条件温和，产率中等。

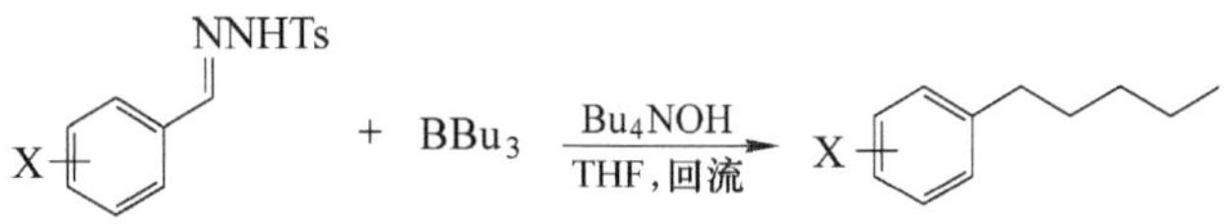

图 1-50　对甲苯磺酰腙与三丁基硼烷的交叉偶联反应

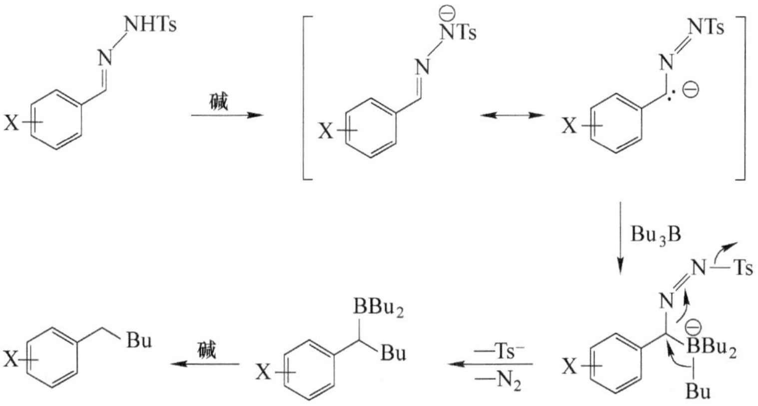

图 1-51　对甲苯磺酰腙与三丁基硼烷的交叉偶联反应机理

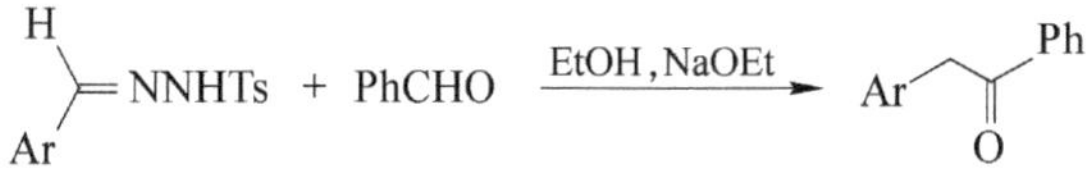

图 1-52　对甲苯磺酰腙与醛的交叉偶联反应

随后对甲苯磺酰腙参与的无金属催化反应报道极少。直到 2009 年，Barluenga 和 Valdés[56]报道了无金属催化芳基硼酸与对甲苯磺酰腙的还原偶联反应（见图 1-53）。该反应为构建 $C(sp^3)$—$C(sp^2)$ 键提供了非常新颖的方法，底物适应性极广，具有很好的应用前景。

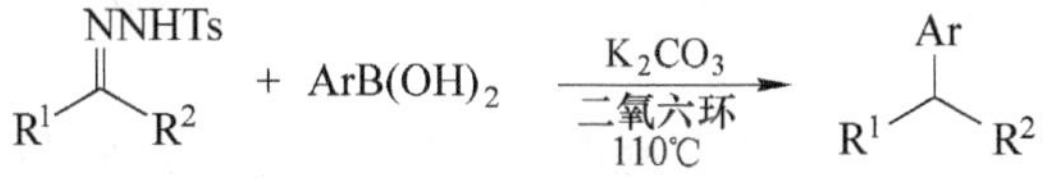

图 1-53　对甲苯磺酰腙与芳基硼酸的交叉偶联反应

2010 年，Barluenga 和 Valdés 又报道了无金属催化下对甲苯磺酰腙与酚和醇构建碳—氧键的反应（见图 1-54）[57]。该方法能够直接方便地制备各种醚类化合物，反应条件简单，原料经济易得，适应性广。

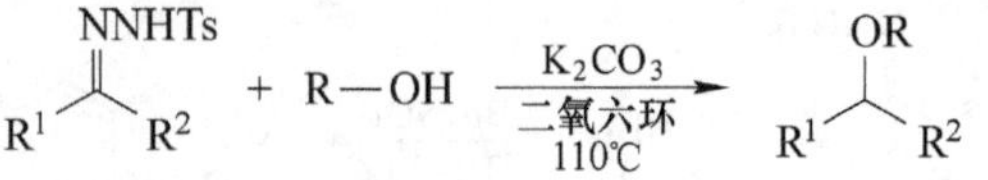

图 1-54 对甲苯磺酰腙与醇和酚的交叉偶联反应

2012 年，Valdés 等人[58]报道了无金属催化下对甲苯磺酰腙与羧酸的反应，制备了多种酯类衍生物（见图 1-55）。不仅芳香羧酸能很好参与反应，脂肪羧酸如氨基酸等均能参与反应。反应通过微波加热，十分钟就能反应完全。

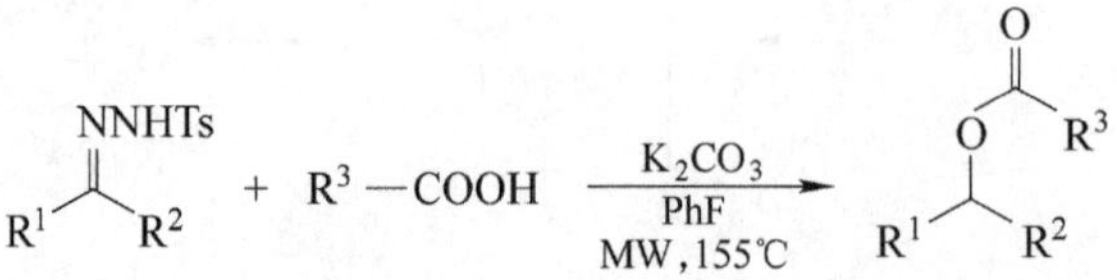

图 1-55 对甲苯磺酰腙与羧酸的交叉偶联反应

以上是构建 C—O 键的例子，此外，Ding 等人[59]报道了对甲苯磺酰腙与硫酚反应，制备了多种硫醚衍生物（见图 1-56）。该反应底物适应性广，产率高达 93%。

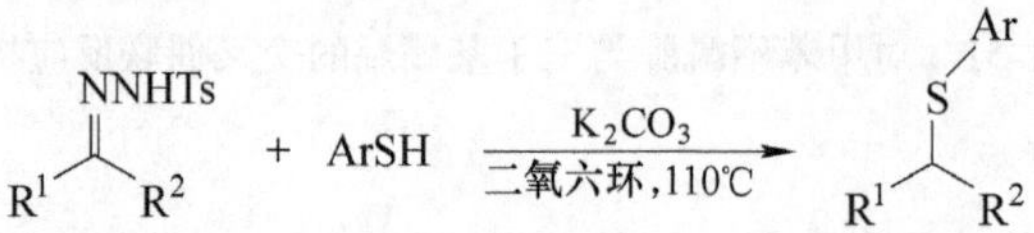

图 1-56 对甲苯磺酰腙与硫酚的交叉偶联反应

2012 年，Barluenga 和 Valdés[60]在构建 C—N 键方面也有新的进展（见图 1-57）。他们发现，对甲苯磺酰腙与叠氮化钠在碳酸钾的催化下就能发生反应，生成多种叠氮化物。叠氮基团的引入，为进一步生成各种三氮唑类化合物提供了起始原料。

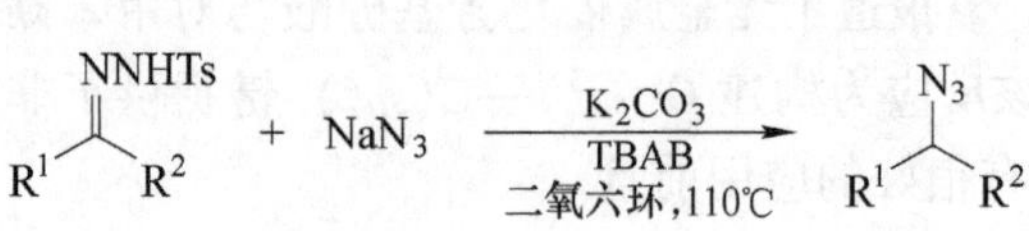

图 1-57 对甲苯磺酰腙与叠氮化钠的交叉偶联反应

同年，Wang[61]报道了无过渡金属催化下对甲苯磺酰腙与联硼酸频那醇酯的交叉偶联反应（见图 1-58）。该方法可以方便地引入频那醇硼酸酯基团，反应操作简单，具有很好应用前景。

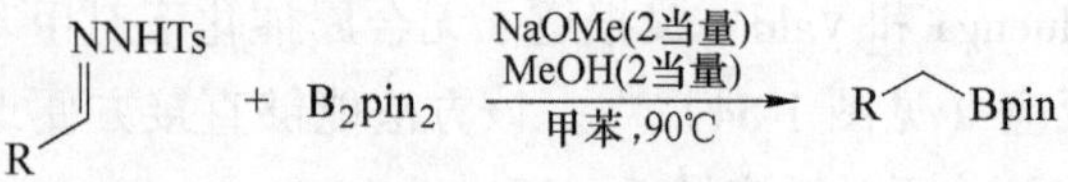

图 1-58 对甲苯磺酰腙与联硼酸频那醇酯的交叉偶联反应

该小组随后又报道了对甲苯磺酰腙的分子内偶联反应，制备了多种菲酚类化合物（见图 1-59）[62]。与传统方法相比，该方法简便易行，产率极高。值得关注的是，反应中发生了 R 基迁移。

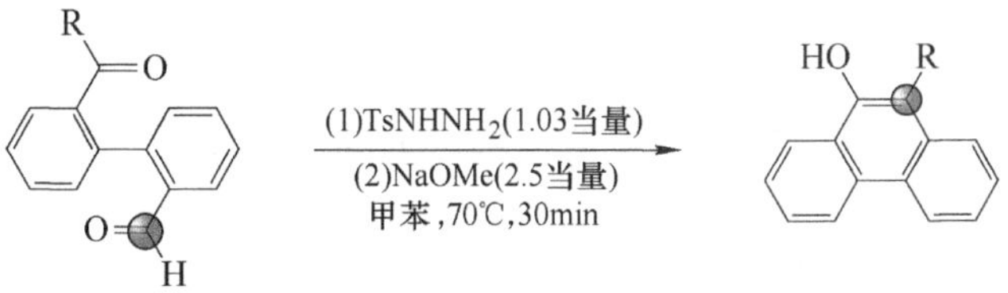

图 1-59 对甲苯磺酰腙分子内偶联反应

2012 年，Barluenga 等人[63]还报道了碳酸钾促进的对甲苯磺酰腙与烯烃的环丙烷化反应（见图 1-60）。传统的方法往往需要过渡金属催化，这里作者在无过渡金属催化的条件下，也能制备多种环丙烷衍生物。反应操作简便，底物适用性广。

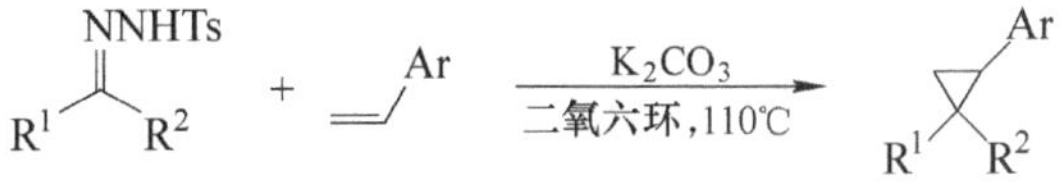

图 1-60 对甲苯磺酰腙与烯烃的环丙烷化反应

2013 年，Yadav 等人[64]报道了无过渡金属条件下，对甲苯磺酰腙的氟代反应（见图 1-61）。该方法以三乙胺氟化氢盐为氟源，制备了多种氟代烃，产率高，底物适用性广。

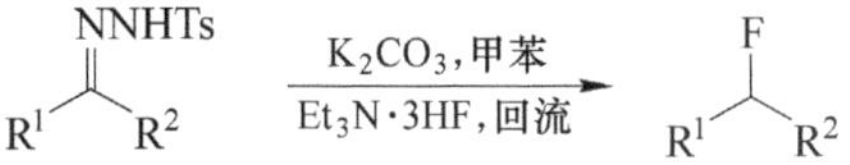

图 1-61 对甲苯磺酰腙参与的氟化反应

1.2 小结

综上所述，含 C—N 和 C =N 键化合物作为偶联试剂能够参与多种偶联反应。例如，芳基重氮盐、芳基三甲基铵盐和芳基三氮烯能够很好地参与 Suzuki 偶联、Heck 偶联以及 Sonogashira 等偶联反应。值得关注的是，近来已成为明星分子的对甲苯磺酰腙能够与多种亲核试剂和亲电试剂发生反应，不仅在过渡金属催化下能发生多种氧化偶联反应，在无任何过渡金属的情况下，也能构建诸如碳—碳、碳—氧、碳—氮、碳—硼、碳—氟等键。

1.3　本书研究内容

（1）C—N 键的构建一直是有机合成领域的研究重点。构建 C—N 键的常见偶联方法一般要使用过渡金属铜或者钯催化，考虑到化学的绿色化以及可持续发展，实现无过渡金属催化 C—N 键的形成具有重大研究意义。无过渡金属催化的对甲苯磺酰腙与醇、酚、硫酚和胺等亲核试剂的偶联反应已有诸多报道（见图 1-62（a））。此外，有文献报道证明对甲苯磺酰腙自身氮原子具有较好的亲核性，例如能够与丁烯酮发生胺杂迈克加成反应（见图 1-62（b））[41]。我们考虑利用对甲苯磺酰腙的亲核性进攻其原位生成的重氮化物，可能构建新的 C—N 键。通过该方法可以方便地制备各种 N'-烷基化的对甲苯磺酰腙，并且无需添加任何过渡金属（图 1-62（c））。

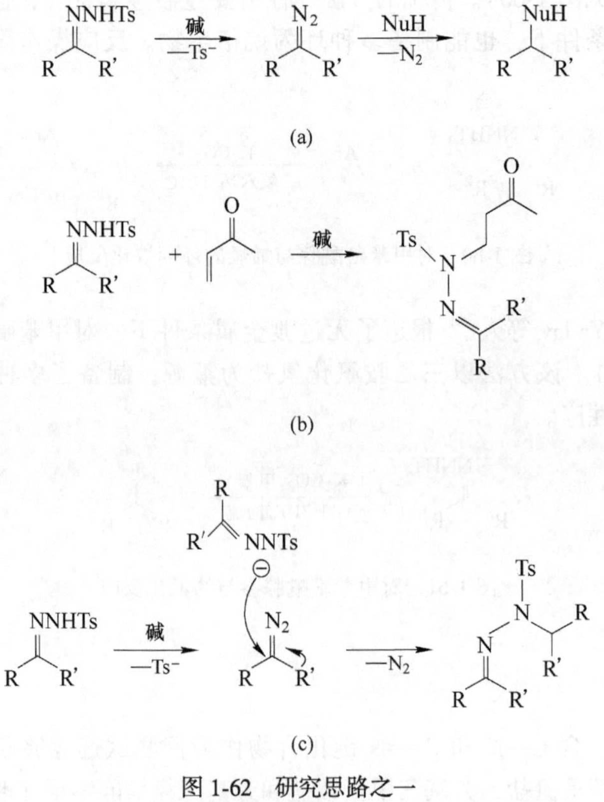

图 1-62　研究思路之一
(a)(b) 文献研究思路；(c) 本书研究思路

（2）尽管含 C—N 和 C=N 键化合物已经成为除卤代芳烃和芳基磺酸酯以外的第三类偶联试剂，其中重氮盐和对甲苯磺酰腙是该类偶联试剂的突出代表（见图 1-63（a））。考虑到芳基重氮盐的易爆炸性，其在实际生产中的应用将受到很大限制。另外，基于对甲苯磺酰腙自身结构的特点，其参与的反应可制备多取代烯烃，但无法制备联芳烃化合物（见图 1-63（b））。我们注意到 N'-磺酰芳基肼也是一类安全易得的重氮化合物前体，但鲜见文献报道。它可以由芳基肼与磺酰氯在温和条件下很容易制备，两种起始原料均极为廉价易得（见图 1-63（c））。此类化合物在碱性条件下可以脱氢形成二氮烯化合物或是重氮盐，继而参与多种偶联反应。本书重点考察了 N'-磺酰芳基肼参与的自身偶联反应、Suzuki 交叉偶联反应、Heck 偶联反应以及 Sonogashira 偶联反应。

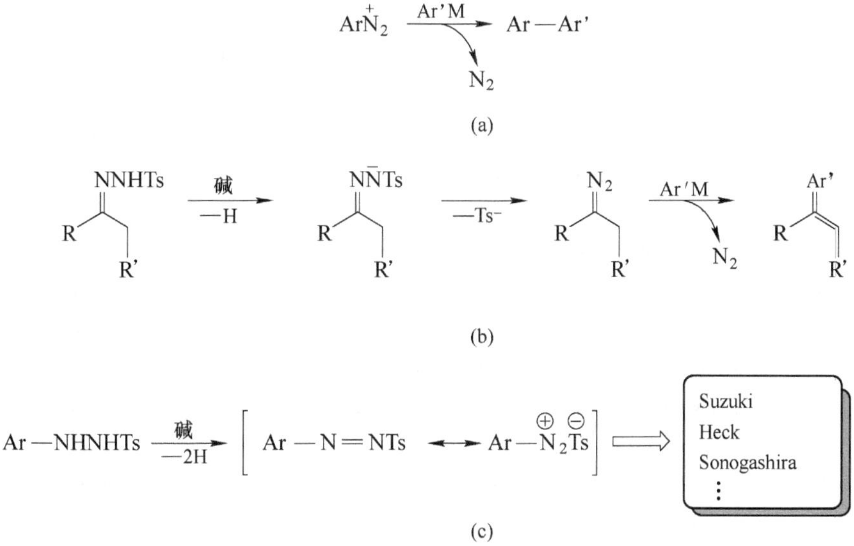

图 1-63　研究思路之二

(a)(b) 文献中研究思路；(c) 本书研究思路

参 考 文 献

[1] Stüer R. Metal-catalyzed cross-coupling reactions [J]. Advanced Synthesis & Catalysis, 2005, 347 (1): 197.

[2] Roglans A, Plaquintana A, Morenomanas M, et al. Diazonium salts as substrates in palladium-catalyzed cross-coupling reactions [J]. Chemical Reviews, 2006, 106 (11): 4622~4643.

[3] Blakey S B, Macmillan D W. The first suzuki cross-couplings of aryltrimethylammonium salts [J]. Journal of the American Chemical Society, 2003, 125 (20): 6046~6047.

[4] Wu X F, Neumann H, Beller M. Palladium-catalyzed carbonylative coupling reactions between Ar-X and carbon nucleophiles [J]. Chemical Society Reviews, 2011, 40 (10): 4986~5009.

[5] Shao Z, Zhang H. N-Tosylhydrazones: Versatile reagents for metal-catalyzed and metal-free

cross-coupling reactions [J]. Chemical Society Reviews, 2012, 41 (2): 560~572.
[6] Kirmse W. Book review: The chemistry of functional groups. The chemistry of diazonium and diazo groups [J]. Angewandte Chemie, 1979, 18 (10): 707~805.
[7] Darses S, Jeffery T, Genet J P, et al. Cross-coupling of arenediazonium tetrafluoroborates with arylboronic acids catalyzed by palladium [J]. Tetrahedron Letters, 1996, 37 (22): 3857~3860.
[8] Sengupta S, Bhattacharyya S. Palladium-catalyzed cross-coupling of arenediazonium salts with arylboronic acids [J]. Journal of Organic Chemistry, 1997, 62 (10): 3405~3406.
[9] Kikukawa K, Nagira K, Wada F, et al. Reaction of diazonium salts with transition metals—Ⅲ: Palladium (0) -catalyzed arylation of unsaturated compounds with arenediazoium salts [J]. Tetrahedron, 1981, 37 (1): 31~36.
[10] Felpin F, Coste J, Zakri C, et al. Preparation of 2-quinolones by sequential heck reduction-cyclization (hrc) reactions by using a multitask palladium catalyst [J]. Chemistry: A European Journal, 2009, 15 (29): 7238~7245.
[11] Darses S, Pucheault M, Genet J P, et al. Efficient access to perfluoroalkylated aryl compounds by heck reaction [J]. European Journal of Organic Chemistry, 2001 (6): 1121~1128.
[12] Panda B, Sarkar T K. Gold and palladium combined for the Sonogashira-type cross-coupling of arenediazonium salts [J]. Chemical Communications, 2010, 46 (18): 3131~3133.
[13] Fabrizi G, Goggiamani A, Sferrazza A, et al. Sonogashira cross-coupling of arenediazonium salts [J]. Angewandte Chemie, 2010, 49 (24): 4067~4070.
[14] Ding Y, Cheng K, Qi C, et al. Ferrous salt-promoted homocoupling of arenediazonium tetrafluoroborates under mild conditions [J]. Tetrahedron Letters, 2012, 53 (46): 6269~6272.
[15] Mo F, Jiang Y, Qiu D, et al. Direct conversion of arylamines to pinacol boronates: A metal-free borylation process [J]. Angewandte Chemie, 2010, 49 (10): 1846~1849.
[16] Blakey S B, Macmillan D W. The first suzuki cross-couplings of aryltrimethylammonium salts [J]. Journal of the American Chemical Society, 2003, 125 (20): 6046~6047.
[17] Saeki T, Son E, Tamao K, et al. Boron trifluoride induced palladium-catalyzed cross-coupling reaction of 1-aryltriazenes with areneboronic acids [J]. Organic Letters, 2004, 6 (4): 617~619.
[18] Ye T, Mckervey M A. Organic synthesis with α-diazo carbonyl compounds [J]. Chemical Reviews, 1994, 94 (4): 1091~1160.
[19] Regitz M, Hocker J, Liedhegener A, et al. t-butyl diazoacetate [J]. Organic Syntheses, 2003: 36.
[20] Thompson J L, Davies H M. Enhancement of cyclopropanation chemistry in the silver-catalyzed reactions of aryldiazoacetates [J]. Journal of the American Chemical Society, 2007, 129 (19): 6090~6091.
[21] Peng C, Cheng J, Wang J, et al. Palladium-catalyzed cross-coupling of aryl or vinyl iodides with ethyl diazoacetate [J]. Journal of the American Chemical Society, 2007, 129 (28):

8708~8709.

[22] Greenman K L, Carter D S, Van Vranken D L, et al. Palladium-catalyzed insertion reactions of trimethylsilyldiazomethane [J]. Tetrahedron, 2001, 57 (24): 5219~5225.

[23] Yu W, Tsoi Y, Zhou Z, et al. Palladium-catalyzed cross coupling reaction of benzyl bromides with diazoesters for stereoselective synthesis of (E)-α, β-diarylacrylates [J]. Organic Letters, 2009, 11 (2): 469~472.

[24] Peng C, Wang Y, Wang J, et al. Palladium-catalyzed cross-coupling of α-diazocarbonyl Compounds with arylboronic acids [J]. Journal of the American Chemical Society, 2008, 130 (5): 1566~1567.

[25] Tsoi Y, Zhou Z, Yu W, et al. Rhodium-catalyzed cross-coupling reaction of arylboronates and diazoesters and tandem alkylation reaction for the synthesis of quaternary α, α-heterodiaryl carboxylic esters. [J]. Organic Letters, 2011, 13 (19): 5370~5373.

[26] Yadav J S, Reddy B V, Satheesh G, et al. InBr$_3$/Cu (OTf) 2-catalyzed C-alkylation of pyrroles and indoles with α-diazocarbonyl compounds [J]. Tetrahedron Letters, 2003, 44 (45): 8331~8334.

[27] Hansen S R, Spangler J E, Hansen J H, et al. Metal-free N-H insertions of donor/acceptor carbenes [J]. Organic Letters, 2012, 14 (17): 4626~4629.

[28] Doyle M P, Hu W, Valenzuela M V, et al. Total synthesis of (s) - (+) -imperanene. Effective use of regio- and enantioselective intramolecular carbon-hydrogen insertion reactions catalyzed by chiral dirhodium (ii) carboxamidates [J]. Journal of Organic Chemistry, 2002, 67 (9): 2954~2959.

[29] Davies H M, Ni A. Enantioselective synthesis of β-amino esters and its application to the synthesis of the enantiomers of the antidepressant venlafaxine [J]. Chemical Communications, 2006: 3110~3112.

[30] Maier T C, Fu G C. Catalytic Enantioselective O—H Insertion Reactions [J]. Journal of the American Chemical Society, 2006, 128 (14): 4594~4595.

[31] Liu B, Zhu S, Zhang W, et al. Highly enantioselective insertion of carbenoids into N—H bonds catalyzed by copper complexes of chiral spiro bisoxazolines [J]. Journal of the American Chemical Society, 2007, 129 (18): 5834~5835.

[32] Bamford W R, Stevens T S. The decomposition of toluene-p-sulphonylhydrazones by alkali [J]. Journal of the Chemical Society (resumed), 1952: 4735~4740.

[33] Barluenga J, Tomasgamasa M, Moriel P, et al. Pd-catalyzed cross-coupling reactions with Carbonyls: Application in a very efficient synthesis of 4-Aryltetrahydropyridines [J]. Chemistry: A European Journal, 2008, 14 (16): 4792~4795.

[34] Brachet E, Hamze A, Peyrat J, et al. Pd-catalyzed reaction of sterically hindered hydrazones with aryl halides: Synthesis of tetra-substituted olefins related to iso-combretastatin A4 [J]. Organic Letters, 2010, 12 (18): 4042~4045.

[35] Hu Q, Yin L, Jagusch C, et al. Isopropylidene substitution increases activity and selectivity of

biphenylmethylene 4-pyridine type CYP17 inhibitors [J]. Journal of Medicinal Chemistry, 2010, 53 (13): 5049~5053.

[36] Xiao Q, Ma J, Yang Y, et al. Pd-catalyzed C=C double-bond formation by coupling of N-tosylhydrazones with benzyl halides [J]. Organic Letters, 2009, 11 (20): 4732~4735.

[37] Shi W, Liu C, Lei A, et al. Transition-metal catalyzed oxidative cross-coupling reactions to form C—C bonds involving organometallic reagents as nucleophiles [J]. Chemical Society Reviews, 2011, 40 (5): 2761~2776.

[38] Zhao X, Jing J, Lu K, et al. Pd-catalyzed oxidative cross-coupling of N-tosylhydrazones with arylboronic acids [J]. Chemical Communications, 2010, 46 (10): 1724~1726.

[39] Zhou L, Ye F, Ma J, et al. Palladium-catalyzed oxidative cross-coupling of N-tosylhydrazones or diazoesters with terminal alkynes: A route to conjugated enynes [J]. Angewandte Chemie, 2011, 50 (15): 3510~3514.

[40] Xiao Q, Xia Y, Li H, et al. Coupling of N-tosylhydrazones with terminal alkynes catalyzed by copper (Ⅰ): Synthesis of trisubstituted allenes [J]. Angewandte Chemie, 2011, 50 (5): 1114~1117.

[41] Chen Z, Duan X, Wu L, et al. Palladium-catalyzed coupling of propargylic carbonates with N-tosylhydrazones: Highly selective synthesis of substituted propargylic N-sulfonylhydrazones and vinylallenes [J]. Chemistry: A European Journal, 2011, 17 (25): 6918~6921.

[42] Ye F, Ma X, Xiao Q, et al. $C(sp)$—$C(sp^3)$ bond formation through Cu-catalyzed cross-coupling of N-tosylhydrazones and trialkylsilylethynes [J]. Journal of the American Chemical Society, 2012, 134 (13): 5742~5745.

[43] Zhao X, Wu G, Zhang Y, et al. Copper-catalyzed direct benzylation or allylation of 1, 3-azoles with N-tosylhydrazones [J]. Journal of the American Chemical Society, 2011, 133 (10): 3296~3299.

[44] Jiang H, Fu W, Chen H, et al. Palladium-catalyzed cross-coupling reactions of electron-deficient alkenes with N-tosylhydrazones: Functional-group-controlled C—C bond construction [J]. Chemistry: A European Journal, 2012, 18 (38): 11884~11888.

[45] Zhou L, Ye F, Zhang Y, et al. Pd-catalyzed three-component coupling of N-tosylhydrazone, terminal alkyne, and aryl Halide [J]. Journal of the American Chemical Society, 2010, 132 (39): 13590~13591.

[46] Barluenga J, Quinones N, Cabal M, et al. Tosylhydrazide-promoted palladium-catalyzed reaction of β-aminoketones with o-dihaloarenes: Combining organocatalysis and transition-metal catalysis [J]. Angewandte Chemie, 2011, 50 (10): 2350~2353.

[47] Zhou L, Shi Y, Xiao Q, et al. CuBr-catalyzed coupling of N-tosylhydrazones and terminal alkynes: Synthesis of benzofurans and indoles [J]. Organic Letters, 2011, 13 (5): 968~971.

[48] Ye F, Shi Y, Zhou L, et al. Expeditious synthesis of phenanthrenes via $CuBr_2$-catalyzed coupling of terminal alkynes and N-tosylhydrazones derived from O-formyl biphenyls [J]. Organic Letters, 2011, 13 (19): 5020~5023.

[49] Xia Y, Liu Z, Xiao Q, et al. Rhodium (Ⅱ) -catalyzed cyclization of Bis(N-tosylhydrazone) s: An efficient approach towards polycyclic aromatic compounds [J]. Angewandte Chemie, 2012, 51 (23): 5714~5717.

[50] Hamze A, Treguier B, Brion J, et al. Copper-catalyzed reductive coupling of tosylhydrazones with amines: A convenient route to α-branched amines [J]. Organic and Biomolecular Chemistry, 2011, 9 (18): 6200~6204.

[51] Feng X, Wang J, Zhang J, et al. Copper-catalyzed nitrogen loss of sulfonylhydrazones: A reductive strategy for the synthesis of sulfones from carbonyl compounds [J]. Organic Letters, 2010, 12 (19): 4408~4411.

[52] Barluenga J, Tomasgamasa M, Aznar F, et al. Synthesis of sulfones by iron-catalyzed decomposition of sulfonylhydrazones [J]. European Journal of Organic Chemistry, 2011 (8): 1520~1526.

[53] Miao W, Gao Y, Li X, et al. Copper-catalyzed synthesis of alkylphosphonates from H-phosphonates and N-tosylhydrazones [J]. Advanced Synthesis & Catalysis, 2012: 2659~2664.

[54] Kabalka G W, Maddox J T, Bogas E, et al. A Facile alkylation of aryl aldehyde tosylhydrazones with trialkylboranes [J]. Journal of Organic Chemistry, 1994, 59 (19): 999~1006.

[55] And S R, Neitzel M L. A simple method for the synthesis of substituted benzylic ketones: Homologation of aldehydes via the in situ generation of aryldiazomethanes from aromatic aldehydes [J]. Journal of Organic Chemistry, 2000, 65 (20): 6458~6461.

[56] Barluenga J, Tomasgamasa M, Aznar F, et al. Metal-free carbon-carbon bond-forming reductive coupling between boronic acids and tosylhydrazones [J]. Nature Chemistry, 2009, 1 (6): 494~499.

[57] Barluenga J, Tomasgamasa M, Aznar F, et al. Straightforward synthesis of ethers: Metal-free reductive coupling of tosylhydrazones with alcohols or phenols [J]. Angewandte Chemie, 2010, 49 (29): 4993~4996.

[58] Garciamunoz A, Tomasgamasa M, Perezaguilar M C, et al. Straightforward reductive esterification of Carbonyl compounds with carboxylic acids through tosylhydrazone intermediates [J]. European Journal of Organic Chemistry, 2012 (21): 3925~3928.

[59] Ding Q, Cao B, Yuan J, et al. Synthesis of thioethers via metal-free reductive coupling of tosylhydrazones with thiols [J]. Organic and Biomolecular Chemistry, 2011, 9 (3): 748~751.

[60] Barluenga J, Tomasgamasa M, Valdés C, et al. Reductive azidation of carbonyl compounds via tosylhydrazone intermediates using sodium azide [J]. Angewandte Chemie, 2012, 51 (24): 5950~5952.

[61] Li H, Wang L, Zhang Y, et al. Transition-metal-free synthesis of pinacol alkylboronates from tosylhydrazones [J]. Angewandte Chemie, 2012, 51 (12): 2943~2946.

[62] Xia Y, Qu P, Liu Z, et al. Catalyst-free intramolecular formal carbon insertion into σ-CC bonds: A new approach toward phenanthrols and naphthols [J]. Angewandte Chemie, 2013, 52 (9): 2543~2546.

[63] Barluenga J, Quinones N, Tomasgamasa M, et al. Intermolecular metal-free cyclopropanation of alkenes using tosylhydrazones [J]. European Journal of Organic Chemistry, 2012 (12): 2312~2317.

[64] Yadav A K, Srivastava V P, Yadav L D, et al. An easy access to fluoroalkanes by deoxygenative hydrofluorination of carbonyl compounds via their tosylhydrazones [J]. Chemical Communications, 2013, 49 (21): 2154~2156.

2 无过渡金属催化下对甲苯磺酰腙的 N-烷基化反应

2.1 对甲苯磺酰腙的 N-烷基化反应简介

对甲苯磺酰腙是一类非常有用的合成子，它可以转化成多种生物活性分子和药物活性分子[1]。例如通过磺酰腙烷基化而得的 PI3K 抑制剂——PIK-75[2]就是一个典型的例子（见图 2-1）。因此，N-烷基磺酰腙类化合物的高效合成引起了药物化学家们的兴趣。通常，N-烷基磺酰腙类化合物可由烷基卤与磺酰腙发生亲核取代反应而制备[3]。近来，还有文献报道分别利用偶氮二甲酸二乙酯/三苯基膦和 B(C$_6$F$_5$)$_3$ 促进对甲苯磺酰腙与醇发生 Mitsunobu 反应，制备各种 N-烷基对甲苯磺酰腙类化合物（见图 2-2）。

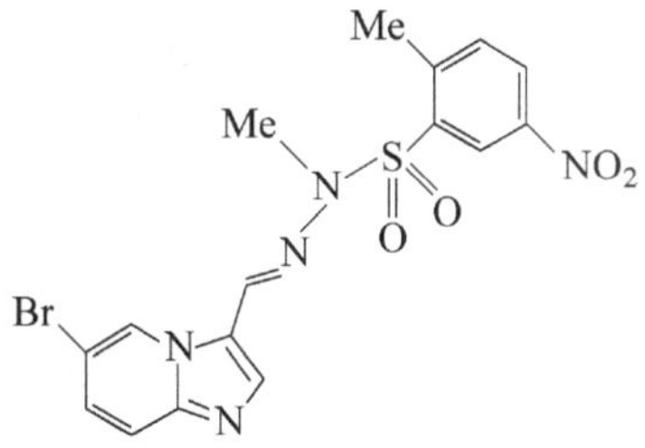

图 2-1 PIK-75 化学结构

图 2-2 Mitsunobu 反应制备 N-烷基磺酰腙

最近，对甲苯磺酰腙作为重氮化合物前体参与的还原偶联反应已有许多报道。值得一提的是，近来有文献报道证明对甲苯磺酰腙具有亲核性。例如，对甲苯磺酰腙可作为亲核试剂分别与烯酮（见图 2-3）和炔酯（见图 2-4）发生胺杂迈克加成[4]。由此可见，对甲苯磺酰腙自身氮原子具有较强的亲核性。

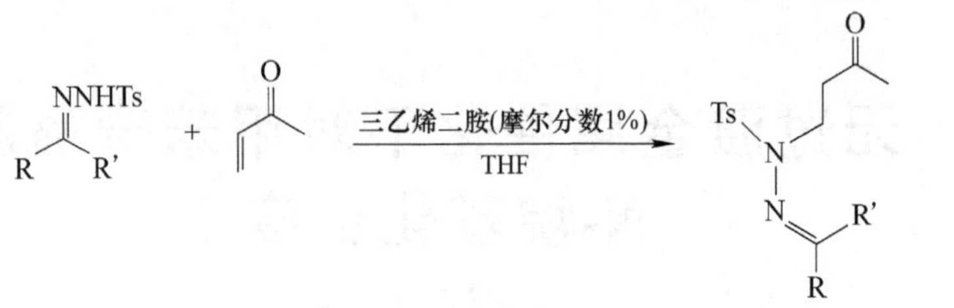

图 2-3 对甲苯磺酰腙与烯酮的胺杂迈克加成反应

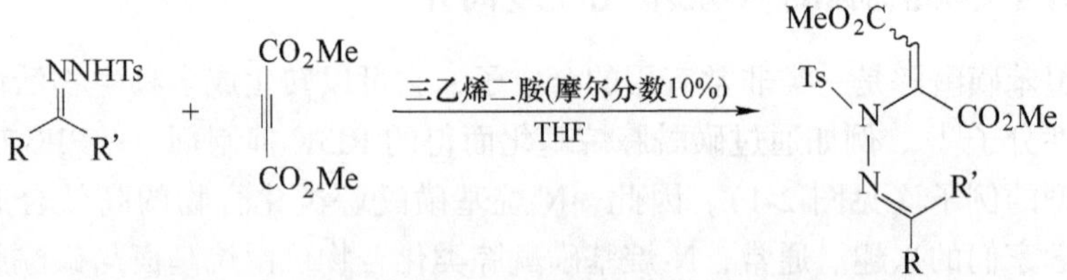

图 2-4 对甲苯磺酰腙与炔酯的胺杂迈克加成反应

综合上述，对甲苯磺酰腙具备以下两方面性质：（1）对甲苯磺酰腙作为重氮化合物前体能与多种亲核试剂发生还原偶联反应；（2）对甲苯磺酰腙自身氮原子具有较强亲核性。考虑以上两方面性质，我们尝试利用对甲苯磺酰腙自身的亲核性进攻其原位生成的重氮化物，从而制备各种 N-烷基化对甲苯磺酰腙（见图 2-5）。

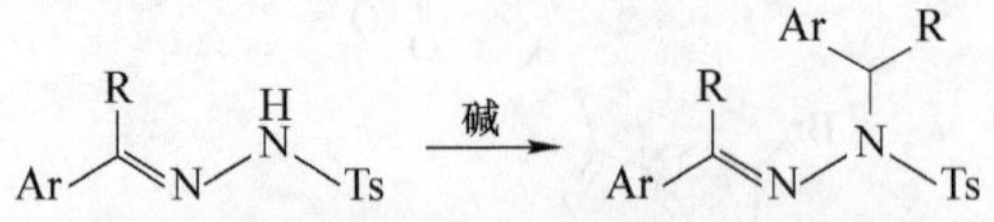

图 2-5 还原偶联制备 N-烷基化对甲苯磺酰腙

2.2 对甲苯磺酰腙的 N-烷基化反应实验部分

2.2.1 化学试剂与仪器

核磁共振谱由 Bruker Avance 400 核磁共振仪测定。ESI-HRMS 用 Finnigan Shimadazu LCMS-IT-TOF 测定。柱层析硅胶采用青岛海洋化工公司生产的 74~48μm（200~300 目）硅胶；薄层层析使用的是 GF254 高效硅胶板，检测方法有紫外灯、碘缸、高锰酸钾显色剂和 DNP 显色剂等。实验试剂未经说明，均为购买后直接使用。溶剂纯化方法参照《实验室化学品纯化手册》。

2.2.2 无过渡金属催化下对甲苯磺酰腙的 N-烷基化反应

将对甲苯磺酰腙（0.3mmol）和甲醇钠（0.45mmol，1.5 当量）溶于 2mL 甲醇中，50℃下搅拌12~48h。经TLC检测反应结束后，将反应液冷却到室温。往反应液中加入10mL乙酸乙酯，有机相用饱和食盐水洗后，用无水硫酸钠干燥，并旋转蒸发干溶剂。最后柱层析纯化得到相应产物，反应式如图2-6所示。

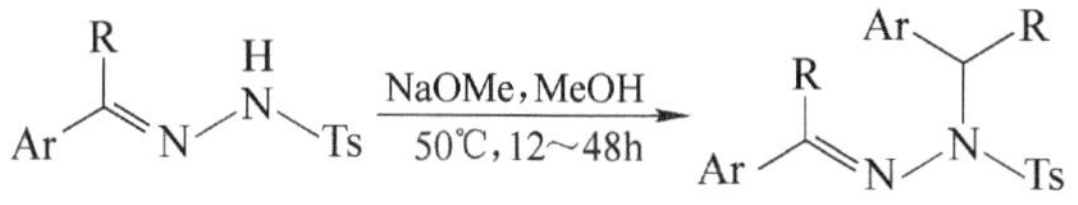

图 2-6 对甲苯磺酰腙的 N-烷基化反应

2.3 对甲苯磺酰腙的 N-烷基化反应研究

我们首先选用从苯甲醛制得的对甲苯磺酰腙 **2.1a** 作为模板底物进行条件筛选，其结果列于表2-1。当对甲苯磺酰腙 **2.1a** 在碳酸钾（1.5当量）促进下，二氧六环为溶剂，110℃反应时，目标产物 N-苄基对甲苯磺酰腙 **2.2a** 以56%的产率得到（第1列）。由于碱在该反应中起关键作用，因此，筛选适合的碱对于产率的提高至关重要。随后我们筛选了一大批碱，包括碳酸钾、1,8-二氮杂二环十一碳-7-烯、碳酸钠、氢氧化钾、甲醇钠、乙醇钠和叔丁醇钠。发现使用有机碱1,8-二氮杂二环十一碳-7-烯，产率降至43%（第2列）。当使用碳酸钠为碱时，反应结果还不如碳酸钾（第3列）。以氢氧化钾为碱时，反应产率降至21%（第4列）。接下来，我们确定以反应效果较好的碳酸钾为碱，对反应温度进行考察，发现降低反应的温度，并没有改善反应（第5和6列）。

表 2-1 反应条件优化结果[①]

列	碱	溶剂	温度/℃	产率[②]/%
1	K_2CO_3	二氧六环	110	56
2	1,8-二氮杂二环十一碳-7-烯	二氧六环	110	43
3	Na_2CO_3	二氧六环	110	48
4	KOH	二氧六环	110	21
5	K_2CO_3	二氧六环	100	55
6	K_2CO_3	二氧六环	70	37
7	NaOMe	二氧六环	110	64

续表 2-1

列	碱	溶剂	温度/℃	产率[②]/%
8	NaOMe	MeOH	65	78
9	NaOEt	EtOH	80	70
10	KO^{t}Bu	^{t}BuOH	80	45
11	NaOMe	MeOH	50	83
12	NaOMe	MeOH	25	67
13[③]	NaOMe	MeOH	50	82
14[④]	NaOMe	MeOH	50	70
15	NaOMe	THF	50	59
16	NaOMe	MeCN	50	45

[①]反应条件：**2.1a**（0.3mmol），碱（1.5当量），溶剂（2mL），12~48h。
[②]分离产率。
[③]NaOMe（2.0当量）。
[④]NaOMe（1.0当量）。

接下来，我们尝试了一些碱性更强的无机碱，发现甲醇钠对反应具有更好的促进作用，在二氧六环中可以使产率提高至64%（第7列）。考虑到甲醇钠在二氧六环中的溶解度偏低，我们便尝试甲醇为溶剂，发现产率得到进一步提高（第8列）。之后，我们还尝试了乙醇钠/乙醇体系，但产率略有下降（第9列）。而以叔丁醇钾为碱时，产率却降至45%（第10列）。由此可见，碱的种类及其碱性的强弱对反应影响较大。当反应温度降至50℃时，可以得到最高83%的产率（第11列）。继续降低温度至室温时，反应产率有明显降低（第12列）。当增加甲醇钠的用量到两个当量时，反应产率并未得到提高（第13列）。但是，当碱的用量降低到一个当量时，反应却受到一定影响，产率有所降低（第14列）。最后，我们尝试了其他溶剂对反应的影响，发现在四氢呋喃和乙腈中，产率均低于60%（第15和16列）。我们推测在甲醇里产率较高的原因在于，一是甲醇钠在甲醇中溶解度较好，二是甲醇的质子化作用可能对反应中间体的形成和稳定更加有利。

在确定最优条件后（1.5当量 NaOMe，甲醇为溶剂，50℃），我们对磺酰腙参与的还原偶联反应进行了底物的拓展，结果列于表2-2。反应对于由醛和酮制得的对甲苯磺酰腙都具有较好的适应性。例如，对于芳环上含给电子基团的对甲苯磺酰腙 **2.1b** 和 **2.1c**，均能高产率地得到预期的目标产物（第2和3列）。而由于空间位阻的影响，对甲苯磺酰腙 **2.1d** 和 **2.1e** 作为反应底物时，反应产率稍有下降（第4和5列）。芳环上为卤素取代时，也能得到较好的结果，这也为后续在发生交叉偶联反应提供了可能（第6~10列）。有趣的是，

2.3 对甲苯磺酰腙的 N-烷基化反应研究

当底物 **2.1k** 和 **2.1l** 参与反应时，预期的烷基化产物并未得到，而是生成了甲醚类化合物（第 11 和 12 列）。我们推测，由于芳环上强吸电子基团硝基的影响，底物 **2.1k** 和 **2.1l** 在碱性条件下快速分解成相应的重氮化合物，继而与甲醇发生 C—O 键偶联。在碱性条件下，对甲苯磺酰腙与醇发生 C—O 键偶联已有相关文献报道[5]。

不仅芳基取代的对甲苯磺酰腙能参与该反应，杂芳基取代的底物，如呋喃和噻吩取代的对甲苯磺酰腙也能给出较高的收率（第 13 和 14 列）。对于酮衍生的对甲苯磺酰腙 **2.1o** 和 **2.1p**，反应需要更高的温度来克服其位阻效应（第 15 和 16 列）。不过，反应对于烷基取代的磺酰腙如 **2.1q** 却无法发生（第 17 列）。可能是由于烷基重氮中间体半衰期太短，稳定性不够而无法发生后续反应。

表 2-2 底物拓展结果[①]

列	磺酰腙	产物	产率[②]/%
1	(2.1a)	(2.2a)	83
2	(2.1b)	(2.2b)	86
3	(2.1b)	(2.2c)	81

续表 2-2

列	磺酰腙	产物	产率[②]/%
4	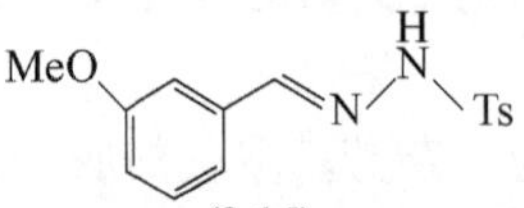 (2.1d)	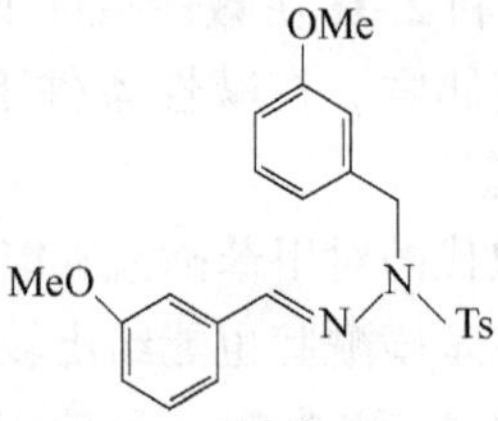 (2.2d)	70
5	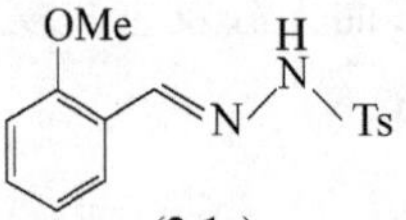 (2.1e)	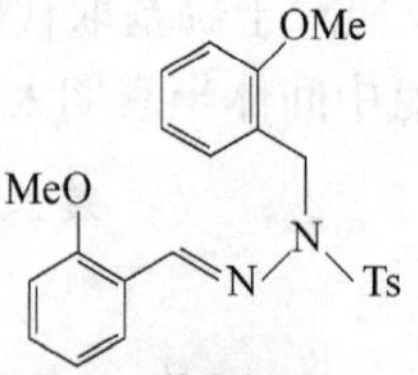 (2.2e)	74
6	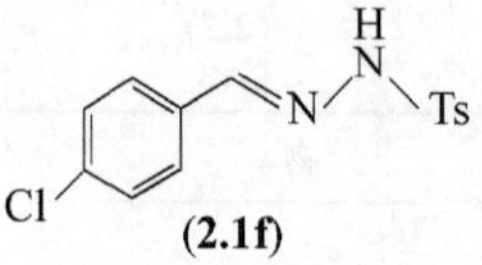 (2.1f)	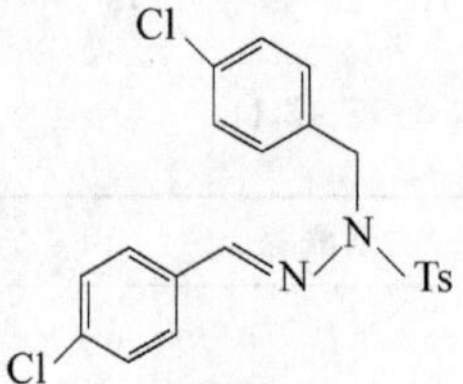 (2.2f)	76
7	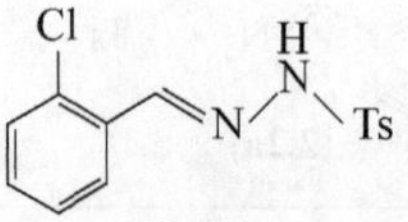 (2.1g)	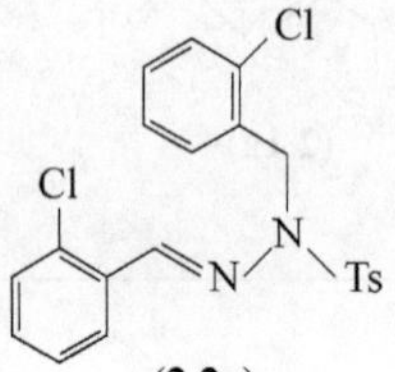 (2.2g)	57
8	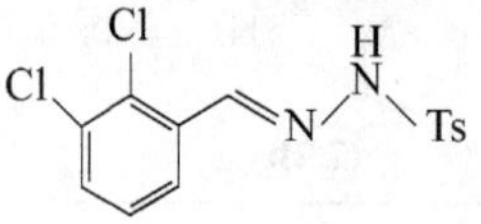 (2.1h)	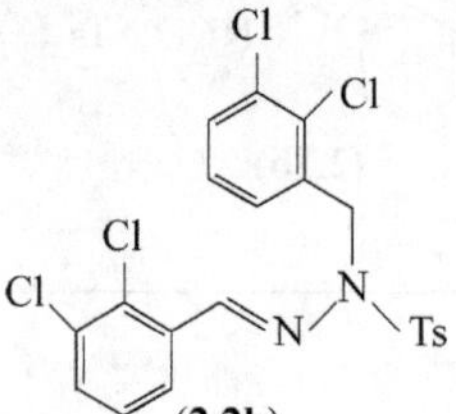 (2.2h)	69
9	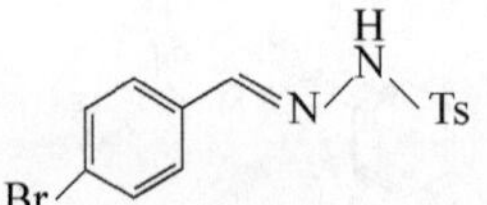 (2.1i)	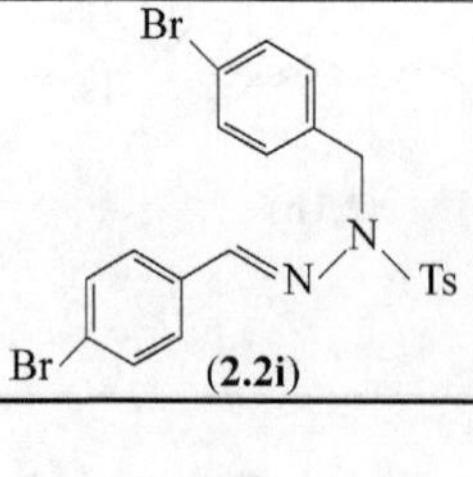 (2.2i)	74

续表 2-2

列	磺酰腙	产物	产率[②]/%
10	(2.1j)	(2.2j)	85
11	(2.1k)	(2.2k)	91
12	(2.1l)	(2.2l)	89
13	(2.1m)	(2.2m)	64
14	(2.1n)	(2.2n)	82
15[③]	(2.1o)	(2.2o)	52

续表 2-2

列	磺酰腙	产物	产率[②]/%
16[③]	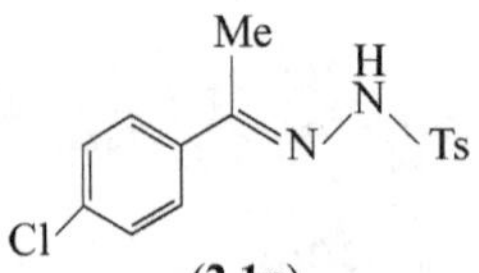 (2.1p)	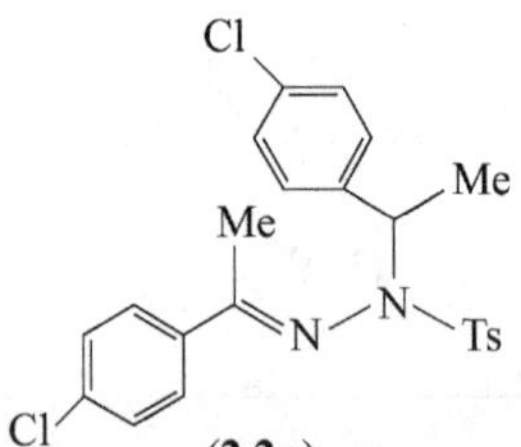 (2.2p)	50
17	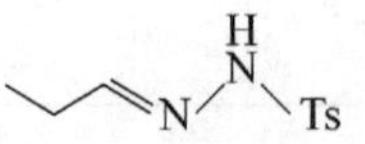 (2.1q)	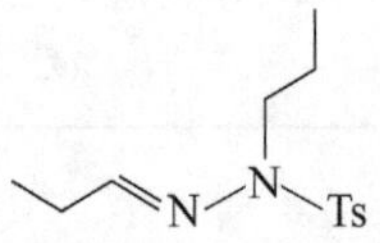 (2.2q)	—

①反应条件：**2.1**（0.3mmol），NaOMe（1.5 当量），MeOH（2mL），50℃，12~48h。
②分离产率。
③60℃。

在甲醇中反应时，底物 **2.1k** 和 **2.1l** 生成的产物均为相应的甲醚类化合物。为了排除溶剂甲醇参与反应，我们把溶剂更换为非质子性的四氢呋喃。以底物 **2.1k** 为例，当碱的用量为一个当量，THF 为溶剂，发现没有甲醚类产物生成，但仍未得到预期的烷基化对甲苯磺酰胺，而是得到了少量的对硝基苯甲醛和双键重排产物（见图 2-7）。这可能受到芳环上强吸电子基团硝基的影响，底物 **2.1k** 容易发生两个反应：一是发生分子内的双键重排，得到碱性条件下相对稳定的二氮烯化合物；二是碱性条件下热分解，得到相应的对硝基苯甲醛。

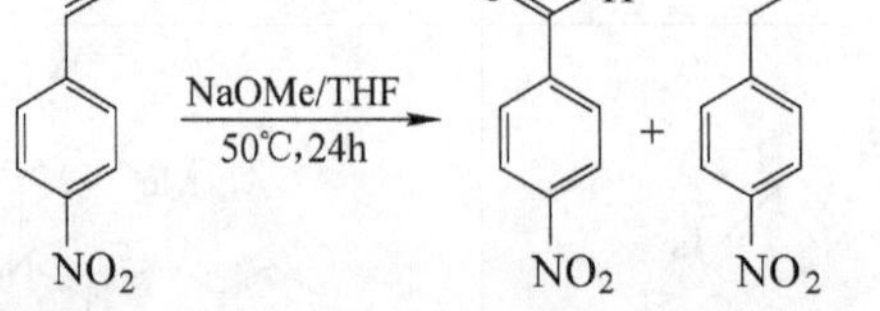

图 2-7 底物 **2.1k** 在四氢呋喃中的反应

之后，我们还尝试了不同对甲苯磺酰腙之间的交叉偶联反应。当底物 **2.1c**（芳环上有给电子取代基）与底物 **2.1j**（芳环上有吸电子取代基）反应时，得到了四种烷基取代腙的混合物，总产率73%，其相应的比例为 **2.2c**∶**2.2j**∶**2.2cj**∶**2.2jc**=1∶1∶1∶1.5。说明在现有反应条件下，该体系对于不同底物之间的化学选择性还较差。我们下一步将针对选择性的提高进一步优化反应，拓宽此方法学的应用范围（见图2-8）。

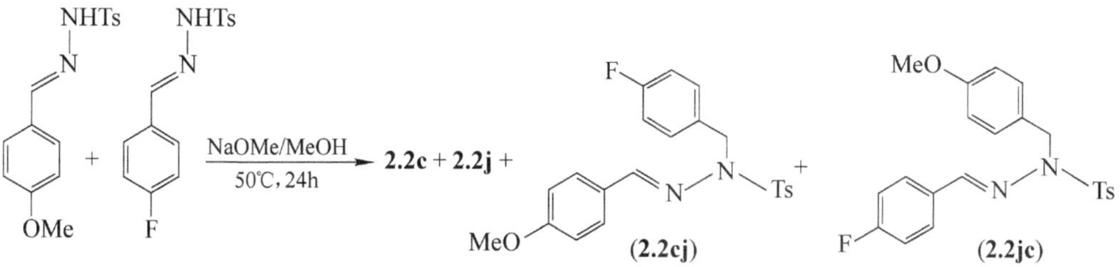

图2-8 底物 **2.1c** 和 **2.1j** 之间的还原偶联

前面反应用到的对甲苯磺酰腙是由相应的醛与对甲苯磺酰肼反应分离而得。为了简化反应步骤，我们还进行了一锅法的尝试，即从苯甲醛出发，先与对甲苯磺酰肼反应生成腙，待反应完全后，直接加入甲醇钠，反应24h后可以得到相应的产物 **2.2a**，产率可达70%（见图2-9）。与分步反应相比，产率略有下降，但操作更加简便易行，避免了中间体的分离和纯化。

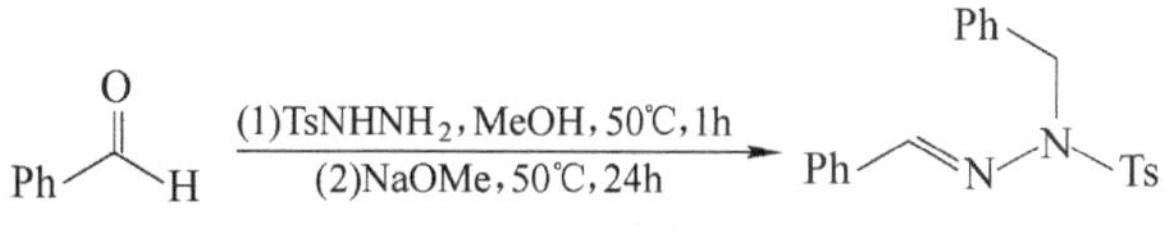

图2-9 一锅法制备苄基取代对甲苯磺酰腙 **2.2a**

对于该反应我们提出了可能的反应机理[6]（见图2-10）。对甲苯磺酰腙在碱性条件下，失去氢离子和对甲苯磺酰基负离子得到重氮化合物。之后两条反应路径皆有可能：一是腙负离子进攻重氮化合物，随后离去一分子氮气，得到终产物；二是重氮化合物失去一分子氮气，得到卡宾，最后发生 N—H 卡宾插入而得到烷基化磺酰腙。

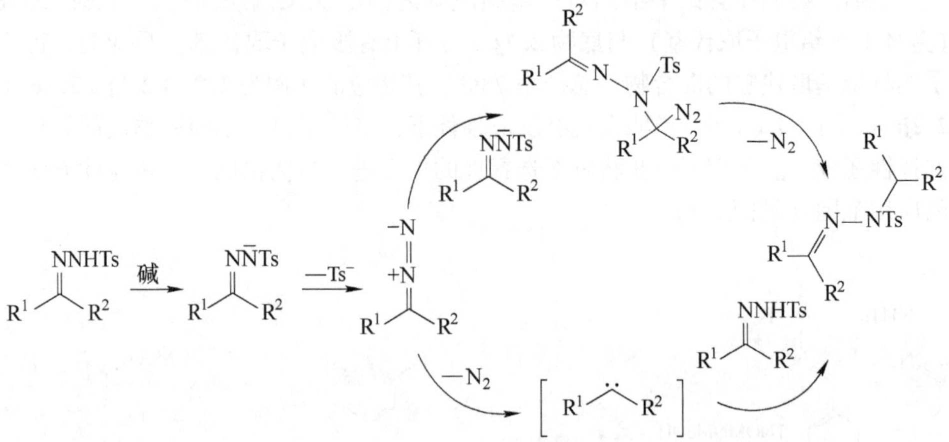

图 2-10 反应机理

2.4 对甲苯磺酰腙的 N-烷基化反应小结

在本章中，我们报道了一种通过还原偶联来制备 N-烷基化磺酰腙的合成新方法。在甲醇钠的促进下，不需要过渡金属催化，就能方便地制备多种 N-烷基对甲苯磺酰腙衍生物，反应条件温和，产率中等至优秀。我们也对此类反应提出了可能的反应机理。此外，我们还对不同底物间的交叉还原偶联反应进行了初步研究。

2.5 对甲苯磺酰腙的 N-烷基反应相关产物数据表征

(E)-N-苄基-N'-苯亚甲基-4-甲基苯磺酰肼 (2.2a)[1]

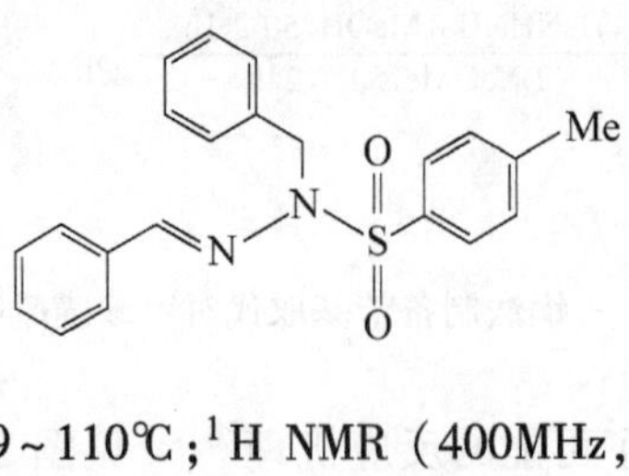

白色固体；熔点：109~110℃；^{1}H NMR (400MHz, CDCl$_3$)：δ 7.79 (d, J = 8.1Hz, 2H), 7.53 (s, 1H), 7.46~7.41 (m, 2H), 7.22 (dd, J = 26.5, 5.0Hz, 10H), 4.77 (s, 2H), 2.35 (s, 3H)；^{13}C NMR (100MHz, CDCl$_3$)：δ 146.82, 144.08, 135.47, 134.70, 134.03, 130.09, 129.57, 128.89, 128.55, 128.27, 127.66, 127.40, 126.93, 52.07, 21.57。

(E)-4-甲基-N-(4-甲基苄基)-N'-(4-甲基苯亚甲基)苯磺酰肼 (2.2b)

白色固体；熔点：136~138℃；^{1}H NMR (400MHz, CDCl$_3$)：δ 7.77 (*d*, *J* = 8.1Hz, 2H), 7.57 (s, 1H), 7.34 (*d*, *J* = 8.0Hz, 2H), 7.24 (*d*, *J* = 8.1Hz, 2H), 7.13 (*d*, *J* = 7.9Hz, 2H), 7.04 (*d*, *J* = 7.1Hz, 4H), 4.67 (s, 2H), 2.35 (s, 3H), 2.25 (*d*, *J* = 7.6Hz, 6H)；^{13}C NMR (100MHz, CDCl$_3$)：δ 148.20, 143.96, 140.48, 137.29, 134.59, 132.52, 131.33, 129.51, 129.26, 128.29, 127.45, 127.03, 52.18, 21.58, 21.43, 21.06；HRMS (ESI)：理论值 C$_{23}$H$_{24}$N$_2$O$_2$S [M+H]$^+$393.1631，实测值 393.1635。

(E)-N-(4-甲氧基苄基)-N'-(4-甲氧基苯亚甲基)-4-甲基苯磺酰肼 (2.2c)

白色固体；熔点：146~147℃；^{1}H NMR (400 MHz, CDCl$_3$)：δ 7.81 (*d*, *J* = 7.8Hz, 2H), 7.73 (s, 1H), 7.48 (*d*, *J* = 8.3Hz, 2H), 7.32 (*d*, *J* = 7.6Hz, 2H), 7.24 (*d*, *J* = 8.5Hz, 2H), 6.84 (*d*, *J* = 6.8Hz, 4H), 4.64 (s, 2H), 3.80 (s, 3H), 3.77 (s, 3H), 2.43 (s, 3H)；^{13}C NMR (100MHz, CDCl$_3$)：δ 161.50, 159.08, 150.97, 143.94, 134.34, 129.49, 129.24, 128.71, 128.37, 127.70, 126.67, 114.18, 114.03, 55.34, 55.25, 52.58, 21.58；HRMS (ESI)：理论值 C$_{23}$H$_{24}$N$_2$O$_4$S [M+Na]$^+$447.1349，实测值 447.1360。

(E)-N-(3-甲氧基苄基)-N'-(3-甲氧基苯亚甲基)-4-甲基苯磺酰肼 (2.2d)

白色固体；熔点：109~111℃；^{1}H NMR (400MHz, CDCl$_3$)：δ 7.86 (*d*, *J* = 8.0Hz, 2H), 7.55 (s, 1H), 7.32 (*d*, *J* = 7.9Hz, 2H), 7.27~7.21 (m, 2H), 7.10 (s, 1H), 7.04 (*d*, *J* = 7.6Hz, 1H), 6.94~6.84 (m, 3H), 6.80 (*d*, *J* = 8.2Hz, 1H), 4.83 (s, 2H), 3.80 (s, 3H), 3.76 (s, 3H), 2.42 (s, 3H)；^{13}C NMR (100MHz, CDCl$_3$)：δ 160.16, 159.74, 145.96, 144.15, 137.03, 135.42,

134.66, 129.97, 129.57, 128.27, 120.48, 118.98, 116.31, 113.43, 112.12, 111.57, 55.29, 55.23, 51.88, 21.59; HRMS (ESI): 理论值 $C_{23}H_{24}N_2O_4S$ [M+Na]$^+$447.1349, 实测值 447.1343。

(E)-N-(2-甲氧基苄基)-N'-(2-甲氧基苯亚甲基)-4-甲基苯磺酰肼 (2.2e)

白色固体；熔点：140~141℃；^{1}H NMR (400MHz, CDCl$_3$)：δ 7.87 (dd, J = 18.2, 9.9Hz, 4H), 7.37 (d, J = 7.3Hz, 1H), 7.32~7.20 (m, 4H), 6.90 (dt, J = 16.6, 7.4Hz, 3H), 6.78 (d, J = 8.2Hz, 1H), 4.90 (s, 2H), 3.86 (s, 3H), 3.67 (s, 3H), 2.40 (s, 3H); ^{13}C NMR (100MHz, CDCl$_3$): δ 157.81, 156.24, 143.72, 140.11, 135.27, 130.91, 129.46, 128.62, 128.53, 128.15, 126.40, 123.31, 123.12, 120.95, 120.82, 111.10, 110.07, 55.57, 55.32, 45.83, 21.54; HRMS (ESI): 理论值 $C_{23}H_{24}N_2O_4S$ [M+H]$^+$425.1530, 实测值 425.1533。

(E)-N-(4-氯苄基)-N'-(4-氯苯亚甲基)-4-甲基苯磺酰肼 (2.2f)

白色固体；熔点：144~146℃；^{1}H NMR (400MHz, CDCl$_3$)：δ 7.82 (d, J = 8.3Hz, 2H), 7.54 (s, 1H), 7.45 (d, J = 8.6Hz, 2H), 7.36~7.28 (m, 6H), 7.26 (d, J = 0.9Hz, 2H), 4.80 (s, 2H), 2.43 (s, 3H); ^{13}C NMR (100MHz, CDCl$_3$): δ 145.79, 144.42, 136.22, 134.36, 133.79, 133.65, 132.30, 129.68,

129.14, 128.92, 128.56, 128.31, 128.20, 51.53, 21.61; HRMS (ESI): 理论值 $C_{21}H_{18}Cl_2N_2O_2S$ [M+H]$^+$ 433.0539, 实测值 433.0556。

(E)-N-(2-氯苄基)-N'-(2-氯苯亚甲基)-4-甲基苯磺酰肼（2.2g）

白色固体；熔点：146~148℃；^{1}H NMR (400MHz, CDCl$_3$)：δ 7.84 (d, J = 6.8Hz, 3H), 7.63 (s, 1H), 7.39~7.26 (m, 4H), 7.18 (s, 5H), 4.99 (s, 2H), 2.37 (s, 3H)；^{13}C NMR (100MHz, CDCl$_3$)：δ 144.42, 139.84, 134.80, 134.22, 132.01, 131.84, 131.48, 130.74, 129.77, 129.65, 129.62, 129.03, 128.43, 128.09, 127.52, 127.11, 126.94, 48.75, 21.63; HRMS (ESI): 理论值 $C_{21}H_{18}Cl_2N_2O_2S$ [M+H]$^+$ 433.0539, 实测值 433.0519。

(E)-N-(2,3-二氯苄基)-N'-(2,3-二氯苯亚甲基)-4-甲基苯磺酰肼（2.2h）

白色固体；熔点：160~162℃；^{1}H NMR (400MHz, CDCl$_3$)：δ 7.89 (d, J = 7.5Hz, 2H), 7.79 (d, J = 7.9Hz, 1H), 7.65 (s, 1H), 7.45~7.39 (m, 2H), 7.36 (d, J = 8.0Hz, 2H), 7.32 (d, J = 7.8Hz, 1H), 7.20 (td, J = 7.5, 3.0Hz, 2H), 5.08 (s, 2H), 2.44 (s, 3H)；^{13}C NMR (101MHz, CDCl$_3$)：δ 144.70, 139.33, 134.63, 134.04, 133.51, 133.49, 133.44, 132.33, 131.29, 130.23, 129.87, 128.06, 127.91, 127.35, 126.37, 125.29, 49.27, 21.64; HRMS (ESI): 理论值 $C_{21}H_{16}Cl_4N_2O_2S$ [M+Na]$^+$ 522.9579, 实测值 522.9568。

(E)-N-(4-溴苄基)-N'-(4-溴苯亚甲基)-4-甲基苯磺酰肼（2.2i）

白色固体；熔点：147~149℃；^{1}H NMR (400MHz, CDCl$_3$)：δ 7.82 (d, J = 7.7Hz, 2H), 7.55~7.42 (m, 5H), 7.36 (dd, J = 17.2, 7.9Hz, 4H), 7.19 (d, J = 7.7Hz, 2H), 4.78 (s, 2H), 2.43 (s, 3H)；^{13}C NMR (101MHz, CDCl$_3$)：δ

145.64, 144.44, 134.36, 134.30, 132.73, 132.10, 131.87, 129.69, 128.77, 128.61, 128.19, 124.57, 121.72, 51.53, 21.61; HRMS (ESI): 理论值 $C_{21}H_{18}Br_2N_2O_2S$ [M+H]$^+$ 542.9348, 实测值 542.9300。

(E)-N'-(4-氟苄基)-N'-(4-氟苯亚甲基)-4-甲基苯磺酰肼 (2.2j)

无色液体;^{1}H NMR (400MHz, CDCl$_3$): δ 7.82 (d, J = 8.0Hz, 2H), 7.63 (s, 1H), 7.55~7.47 (m, 2H), 7.39~7.27 (m, 4H), 7.02 (t, J = 8.5Hz, 4H), 4.76 (s, 2H), 2.44 (s, 3H); ^{13}C NMR (101MHz, CDCl$_3$): δ 147.39, 144.32, 134.31, 131.10, 130.06, 129.65, 129.41, 129.32, 128.84, 128.76, 128.25, 115.95 (d, J = 4.4Hz), 115.73 (d, J = 4.8Hz), 51.83, 21.61; HRMS (ESI): 理论值 $C_{21}H_{18}F_2N_2O_2S$ [M+Na]$^+$ 423.0949, 实测值 423.0955。

1-(甲氧基甲基)-4-硝基苯(2.2k)[2]

无色液体;^{1}H NMR (400MHz, CDCl$_3$): δ 8.21 (d, J = 8.3Hz, 2H), 7.50 (d, J = 8.2Hz, 2H), 4.56 (s, 2H), 3.46 (d, J= 6.8Hz, 3H)。

1-(甲氧基甲基)-2-硝基苯(2.2l)[3]

无色液体;^{1}H NMR (400MHz, CDCl$_3$): δ 8.07 (d, J = 8.2Hz, 1H), 7.78 (d, J = 7.8Hz, 1H), 7.65 (t, J = 7.6Hz, 1H), 7.44 (t, J = 7.8Hz, 1H), 4.84

(s, 2H), 3.50 (s, 3H)。

(E)-N-(呋喃-2-甲基)-N'-(呋喃-2-亚甲基)-4-甲基苯磺酰肼（2.2m）

无色液体；^{1}H NMR（400MHz, CDCl$_3$）：δ 7.84（s, 1H），7.70（d, J = 8.1Hz, 2H），7.41（s, 1H），7.23（d, J = 7.9Hz, 3H），6.65（d, J = 3.4Hz, 1H），6.39（s, 1H），6.23~6.10（m, 2H），4.65（s, 2H），2.34（s, 3H）；^{13}C NMR（101MHz, CDCl$_3$）：δ 149.30，148.64，144.83，144.19，142.50，141.47，134.00，129.51，128.43，113.96，111.86，110.55，109.38，45.75，21.55；HRMS（ESI）：理论值 C$_{17}$H$_{16}$N$_2$O$_4$S [M+Na]$^+$367.0723，实测值 367.0726。

(E)-4-甲基-N-(噻吩-2-甲基)-N'-(噻吩-2-亚甲基)苯磺酰肼（2.2n）

无色液体；^{1}H NMR（400MHz, CDCl$_3$）：δ 8.18（s, 1H），7.68（d, J = 8.2Hz, 2H），7.31（d, J = 5.0Hz, 1H），7.24（d, J = 8.0Hz, 2H），7.16（d, J = 3.3Hz, 1H），7.12（d, J = 5.1Hz, 1H），6.99~6.93（m, 1H），6.88（d, J = 2.8Hz, 1H），6.85~6.79（m, 1H），4.73（s, 2H），2.36（s, 3H）；^{13}C NMR（101MHz, CDCl$_3$）：δ 149.61，144.27，138.50，138.12，133.59，131.42，129.49，129.41，128.60，127.50，126.83，126.71，125.84，48.99，21.58；HRMS（ESI）：理论值 C$_{17}$H$_{16}$N$_2$O$_2$S$_3$ [M+Na]$^+$399.0266，实测值 399.0256。

(E)-4-甲基-N-(1-苯乙基)-N'-(1-苯亚乙基)苯磺酰肼（2.2o）

无色液体；^{1}H NMR（400MHz, CDCl$_3$）：δ 7.82（d, J = 7.5Hz, 2H），7.66（d, J = 7.6Hz, 2H），7.45（dd, J = 17.6, 6.8Hz, 3H），7.32~7.13（m, 7H），5.27（d, J = 6.6Hz, 1H），2.42（s, 3H），2.14（s, 3H），1.20（d, J = 6.6Hz,

3H); ^{13}C NMR (101MHz, CDCl$_3$): δ 179.66, 143.45, 140.86, 137.41, 135.21, 130.95, 129.17, 128.51, 128.41, 128.09, 128.03, 127.42, 127.28, 60.52, 21.58, 17.43, 15.47; HRMS (ESI): 理论值 C$_{23}$H$_{24}$N$_2$O$_2$S [M+Na]$^+$ 415.1451, 实测值 415.1449。

(E)-N-(1-(4-氯苯基)乙基)-N'-(1-(4-氯苯基)亚乙基)-4-甲基苯磺酰肼(2.2p)

无色液体;^{1}H NMR (400MHz, CDCl$_3$): δ 7.78 (d, J = 8.2Hz, 2H), 7.57 (d, J = 7.6Hz, 2H), 7.41 (d, J = 8.3Hz, 2H), 7.25~7.07 (m, 6H), 5.21 (d, J = 6.8Hz, 1H), 2.43 (s, 3H), 2.23 (s, 3H), 1.18 (d, J = 6.8Hz, 3H); ^{13}C NMR (101MHz, CDCl$_3$): δ 178.58, 143.77, 139.14, 137.44, 135.51, 134.83, 133.35, 129.35, 129.19, 128.77, 128.56, 128.39, 128.18, 59.92, 21.57, 17.43; HRMS (ESI): 理论值 C$_{23}$H$_{22}$Cl$_2$N$_2$O$_2$S [M+Na]$^+$ 483.0671, 实测值 483.0653。

参 考 文 献

[1] Mundal D A, Lutz K E, Thomson R J, et al. Stereoselective synthesis of dienes from N-allyl-hydrazones [J]. Organic Letters, 2009, 11(2): 465~468.

[2] Zheng Z, Amran S I, Thompson P E, et al. Isoform-selective inhibition of phosphoinositide 3-kinase: Identification of a new region of nonconserved amino acids critical for p110α inhibition [J]. Molecular Pharmacology, 2011, 80(4): 657~664.

[3] Keith J M, Gomez L A. Exploration of the mitsunobu reaction with tosyl-and boc-hydrazones as nucleophilic agents [J]. Journal of Organic Chemistry, 2006, 71(18): 7113~7116.

[4] Zhao G, Shi M. DABCO-catalyzed reactions of hydrazones with activated olefins [J]. Tetrahedron, 2005, 61(30): 7277~7288.

[5] Barluenga J, Tomasgamasa M, Aznar F, et al. Straightforward synthesis of ethers: Metal-free reductive coupling of tosylhydrazones with alcohols or phenols [J]. Angewandte Chemie, 2010, 49 (29): 4993~4996.

[6] Barluenga J, Tomasgamasa M, Aznar F, et al. Metal-free carbon-carbon bond-forming reductive coupling between boronic acids and tosylhydrazones [J]. Nature Chemistry, 2009, 1(6): 494~499.

3 N'-磺酰芳基肼的自身偶联反应研究

3.1 自身偶联反应简介

芳基重氮盐作为一类高效的偶联试剂,已被广泛用于各类交叉偶联反应中[1]。然而,芳基重氮盐的易爆炸性大大限制了其在生产实践中的应用。因此,在保持此类偶联试剂高效的基础上,寻找更加稳定和温和的偶联试剂成为有机合成方法学的重要任务。

近年来,作为重氮化合物前体的对甲苯磺酰腙(见图3-1(a))受到较多关注,在许多交叉偶联反应中表现突出[2],具有很好的应用前景。我们注意到N'-磺酰芳基肼也是一类安全易得的重氮化合物前体(见图3-1(b)),但其应用鲜见文献报道。本章将主要研究N'-磺酰芳基肼的自身偶联反应。

$$R^1COR^2 + TsNHNH_2 \longrightarrow R^1C(=NNHTs)R^2$$

(a)

$$ArNHNH_2 + TsCl \xrightarrow{EtOH} ArNHNHTs$$

(b)

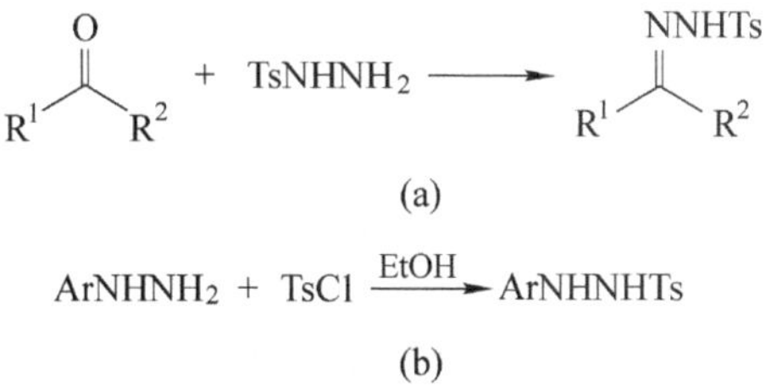

图3-1 对甲苯磺酰腙的合成(a)和
N'-对甲苯磺酰芳基肼的合成(b)

3.2 自身偶联反应实验部分

3.2.1 化学试剂与仪器

核磁共振谱由 Bruker Avance 400 核磁共振仪测定。ESI-HRMS 用 Finnigan Shimadazu LCMS-IT-TOF 测定。柱层析硅胶采用青岛海洋化工公司生产的 74~48μm(200~300目)硅胶;薄层层析使用的是 GF254 高效硅胶板,检测方法有紫外灯、碘缸、高锰酸钾显色剂和 DNP 显色剂等。实验试剂未经说明,均为购买后直接使用。溶剂纯化方法参照《实验室化学品纯化手册》。

3.2.2 N'-磺酰芳基肼的制备

将芳基肼（10mol）完全溶解于10mL乙醇/水（1∶2）的混合液中，搅拌下慢慢加入磺酰氯（10mol）。反应常温下搅拌2h后，有大量白色沉淀析出。往体系中加入20mL水，滤出白色沉淀，并用乙醇/水（1∶2）洗涤数次得白色粉末。白色粉末经乙醇重结晶可得纯产品（见图3-2），产率80%~95%。

$$ArNHNH_2 + RSO_2Cl \xrightarrow{EtOH/H_2O} ArNHNHSO_2R$$

图3-2 N'-磺酰芳基肼的制备反应

3.2.3 钯催化N'-磺酰芳基肼的自身偶联

将N'-磺酰芳基肼（0.3mmol）、氯化钯（5mol%）、碳酸钾（2.0当量）溶于1mL DMSO中，常温或60℃下反应1~12h。TLC检测反应完全后，往该体系中加入5mL饱和食盐水，再用乙酸乙酯（5mL）萃取3次。合并有机相，蒸除溶剂后，柱层析分离得纯产品（见图3-3）。

$$ArNHNHSO_2R \xrightarrow[20\sim 60℃]{PdCl_2/K_2CO_3 \atop DMSO} Ar-Ar$$

图3-3 钯催化N'-磺酰芳基肼的自身偶联反应

3.3 自身偶联反应研究

我们知道，常见的偶联试剂如卤代芳烃，一般可以自身偶联成联芳基类化合物。因此，我们对该底物进行了自身偶联反应的研究（见表3-1）。当N'-对甲苯磺酰苯肼在氯化钯和碳酸钾催化下，以DMSO为溶剂，100℃反应2h后，发现原料已经消耗完全。经分离检测发现产物为联苯，产率可达89%（第1列）。这个结果令我们非常振奋。接下来，我们对反应条件进行了优化。首先我们考察了温度对反应的影响，发现反应在室温下同样能得到优异的产率（第2列）。之后我们也尝试了其他碱，如碳酸钠、氢氧化钾和三乙胺，其效果均不如碳酸钾（第3~5列）。溶剂方面，我们尝试了甲醇、二氧六环和甲苯，但结果都不如初始的DMSO（第6~8列）。无钯盐催化时，反应基本不发生（第9列）。

表 3-1 钯催化偶联反应条件筛选结果①

$$\text{C}_6\text{H}_5\text{-NHNHTs} \xrightarrow{\text{催化剂}} \text{C}_6\text{H}_5\text{-C}_6\text{H}_5$$

列	催化剂/碱	溶剂	温度/℃	产率②/%
1	$PdCl_2/K_2CO_3$	DMSO	100	89
2	$PdCl_2/K_2CO_3$	DMSO	常温	91
3	$PdCl_2/Na_2CO_3$	DMSO	常温	70
4	$PdCl_2/KOH$	DMSO	常温	35
5	$PdCl_2/Et_3N$	DMSO	常温	75
6	$PdCl_2/K_2CO_3$	MeOH	常温	48
7	$PdCl_2/K_2CO_3$	二氧六环	常温	40
8	$PdCl_2/K_2CO_3$	PhMe	常温	55
9	—/K_2CO_3	DMSO	常温	0

①反应条件：PhNHNHTs（0.3mmol），$PdCl_2$（摩尔分数5%），碱（2.0当量），2~12h。
②分离产率。

在确定N'-对甲苯磺酰苯肼自身偶联成联苯的最优条件后，我们考察了此类反应的底物适用范围（见表3-2）。当磺酰基为苯磺酰基时，反应同样能得到很高的收率（第2列），甲磺酰基为底物，则需要更高温度才能反应完全，收率高达85%（第3列）。由此可见，磺酰基的类型对反应活性存在一定影响。之后，我们考察了芳环上取代基的电子效应和位阻效应对反应的影响。电子效应不明显。当芳环上连有给电子的甲基和甲氧基时，反应都能获得较高收率（第4，5和7列）。当芳环上是卤素取代和三氟甲氧基取代时，反应在60℃都能转化完全（第8~11列）。位阻效应则有较大影响，当芳环邻位有取代基时，其自身偶联反应基本不能发生（第6列）。

表 3-2 自身偶联反应底物拓展①

$$\text{Ar-NHNHSO}_2\text{-R} \xrightarrow[\text{DMSO}]{PdCl_2/K_2CO_3} \text{Ar-Ar}$$
$$(3.1) \qquad\qquad (3.2)$$

列	Ar	R	产物	温度/℃	产率②/%
1	苯基	4-甲苯基	(3.2a)	常温	91
2	苯基	苯基	(3.2a)	常温	88
3	苯基	甲基	(3.2a)	常温	85

续表 3-2

列	Ar	R	产物	温度/℃	产率[②]/%
4	Me-C₆H₄- (4-)	4-甲苯基	Me-C₆H₄-C₆H₄-Me (4,4') (3.2b)	常温	90
5	Me-C₆H₄- (3-)	4-甲苯基	Me-C₆H₄-C₆H₄-Me (3,3') (3.2c)	常温	85
6	Me-C₆H₄- (2-)	4-甲苯基	Me-C₆H₄-C₆H₄-Me (2,2') (3.2d)	60	0
7	MeO-C₆H₄- (4-)	4-甲苯基	MeO-C₆H₄-C₆H₄-OMe (4,4') (3.2e)	常温	92
8	Cl-C₆H₄- (4-)	4-甲苯基	Cl-C₆H₄-C₆H₄-Cl (4,4') (3.2f)	60	78
9	Cl-C₆H₄- (3-)	4-甲苯基	Cl-C₆H₄-C₆H₄-Cl (3,3') (3.2g)	60	82
10	Br-C₆H₄- (4-)	4-甲苯基	Br-C₆H₄-C₆H₄-Br (4,4') (3.2h)	60	74
11	F₃CO-C₆H₄- (4-)	4-甲苯基	F₃CO-C₆H₄-C₆H₄-OCF₃ (4,4') (3.2i)	60	60

① 反应条件：ArNHNHSO$_2$R（0.3mmol），PdCl$_2$（摩尔分数 5%），K$_2$CO$_3$（2.0 当量），DMSO（1mL），1~12h。
② 分离产率。

铜盐作为一类广泛使用的偶联反应催化剂，比钯催化剂更加廉价易得。在考察了钯催化 N'-磺酰芳基肼的自身偶联反应后，我们还初步考察了铜催化的偶联反应（见图3-4）。N'-对甲苯磺酰苯肼 **3.1a** 在一水醋酸铜催化下，三乙胺为碱，甲醇为溶剂，常温下反应4h，可以得到 N,N-二苯基对甲苯磺酰肼 **3.3a**，产率高达88%。有意思的是，当反应以二氯甲烷为溶剂时，可以选择性得到对甲苯磺酰基苯 **3.4a**。我们推测，质子性溶剂甲醇有助于稳定中间体，而在非质子性溶剂如二氯甲烷中，底物分解速度加快导致其他偶联产物。此类铜催化 N'-磺酰芳基肼参与的偶联反应，本实验室正在进一步研究当中。

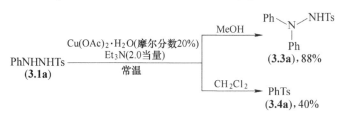

图 3-4　铜催化 N'-磺酰芳基肼参与的偶联反应

对于 N'-对甲苯磺酰芳基肼的自身偶联反应，我们提出了可能的反应机理[1,4]（见图3-5）。N'-对甲苯磺酰芳基肼在二价钯的氧化下，生成二氮烯，从而原位解离成芳基重氮盐[3]。与此同时，生成的 Ts 负离子，可作为氧化剂，氧化原料，继续生成二氮烯。重氮化合物对钯催化剂进行氧化加成得到钯络合物，之后再与一分子重氮化合物反应得到二芳基钯中间体，最后发生还原消除而得到联芳烃。与此同时，钯催化剂得到再生。

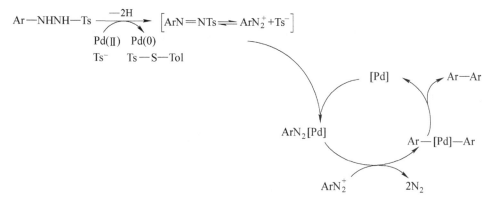

图 3-5　反应机理

3.4　自身偶联反应小结

本章首先研究了钯催化下 N'-对甲苯磺酰苯肼的自身偶联反应，可以高产率地得到联芳烃化合物。此外，还对铜催化 N'-对甲苯磺酰苯肼选择性制备 N，N-二芳基磺酰肼和对甲苯磺酰基苯进行了初步研究。接下来我们将会针对不同过渡金属催化及不同类型的交叉偶联反应，详细研究此类底物的反应特点。

3.5 自身偶联反应相关产物数据表征

联苯（3.2a）

白色固体；熔点：68~69℃；^{1}H NMR（400MHz，CDCl$_3$）：δ 7.62（d，J = 7.4Hz，4H），7.47（t，J = 7.7Hz，4H），7.37（t，J = 7.3Hz，2H）。

4，4'-二甲基联苯（3.2b）

白色固体；熔点：119~120℃；^{1}H NMR（400MHz，CDCl$_3$）：δ 7.51（d，J = 8.0Hz，4H），7.27（d，J = 7.8Hz，4H），2.42（s，6H）。

3，3'-二甲基联苯（3.2c）

无色油状物；^{1}H NMR（400MHz，CDCl$_3$）：δ 7.39~7.33（m，4H），7.32~7.25（m，2H），7.16（d，J = 7.2Hz，2H），2.42（s，1H）。

4，4'-二甲氧基联苯（3.2e）

白色固体；熔点：169~170℃；^{1}H NMR（400MHz，CDCl$_3$）：δ 7.47（d，J = 8.6Hz，4H），6.95（d，J = 8.6Hz，4H），3.84（s，6H）。

4，4'-二氯联苯（3.2f）

白色固体；熔点：144~146℃；¹H NMR (400MHz, CDCl₃)：δ 7.47 (d, J = 8.4Hz, 4H), 7.40 (d, J = 8.4Hz, 4H)。

3,3'-二氯联苯 (3.2g)

无色油状物；¹H NMR (400MHz, CDCl₃)：δ 7.56 (d, J = 0.6Hz, 2H), 7.45 (dd, J = 7.0, 0.9Hz, 2H), 7.41~7.35 (m, 4H)。

4,4'-二溴联苯 (3.2h)

白色固体；熔点：168~170℃；¹H NMR (400MHz, CDCl₃)：δ 7.57 (d, J = 8.4Hz, 4H), 7.42 (d, J = 8.4Hz, 4H)。

4,4'-二（三氟甲基）联苯 (3.2i)

无色油状物；¹H NMR (400MHz, CDCl₃)：δ 7.57 (d, J = 8.4Hz, 4H), 7.30 (d, J = 8.8Hz, 4H)。

参 考 文 献

[1] Roglans A, Plaquintana A, Morenomanas M, et al. Diazonium salts as substrates in palladium-catalyzed cross-coupling reactions[J]. Chemical Reviews, 2006, 106(11): 4622~4643.

[2] Shao Z, Zhang H. N-Tosylhydrazones: versatile reagents for metal-catalyzed and metal-free cross-coupling reactions[J]. Chemical Society Reviews, 2012, 41(2): 560~572.

[3] Kice J L, Gabrielsen R S. Thermal decomposition of benzenediazo sulfones. I. Methyl benzenediazo sulfone[J]. Journal of Organic Chemistry, 1970, 35(4): 1004~1009.

[4] Ding Y, Cheng K, Qi C, et al. Ferrous salt-promoted homocoupling of arenediazonium tetrafluoroborates under mild conditions[J]. Tetrahedron Letters, 2012, 53(46): 6269~6272.

4 N'-对甲苯磺酰芳基肼参与的 Suzuki 偶联反应研究

4.1 Suzuki 偶联反应简介

Suzuki 交叉偶联反应是构建 C—C 键，尤其是制备联芳烃最为有效的方法之一。卤代芳烃和三氟甲磺酸酯是最常用的亲电试剂。此外，近来含 C—N 键化合物，如芳基重氮盐[1]、三甲基芳基铵盐[2]和芳基三氮烯[3]等已被应用于 Suzuki 交叉偶联反应中，但是它们都有自身的缺点，比如安全性差，不够经济易得，反应需要大量添加剂等，很大程度上限制了它们的实际应用。如何进一步优化此类亲电试剂成为有机化学家们关注的热点。

前期工作中我们已注意到 N'-对甲苯磺酰芳基肼可作为一类新颖稳定的重氮化合物前体，并考察了其在过渡金属催化下的自身偶联反应。本章我们将研究该试剂与芳基硼试剂的 Suzuki 交叉偶联反应（见图 4-1）。

$$\text{ArNHNHTs} + \text{Ar'}\text{—B} \xrightarrow{[\text{Pd}]} \text{Ar—Ar'}$$

图 4-1 N'-对甲苯磺酰芳基肼参与的 Suzuki 交叉偶联反应

4.2 Suzuki 偶联反应实验部分

N'-对甲苯磺酰芳基肼参与的 Suzuki 偶联反应如图 4-2 和图 4-3 所示。

$$\text{ArNHNHTs} + \text{Ar'}\text{B(OH)}_2 \xrightarrow[\text{MeOH, N}_2, 60℃]{\substack{\text{Pd(OAc)}_2(\text{摩尔分数2\%}) \\ \text{K}_2\text{CO}_3(\text{摩尔分数200\%})}} \text{Ar—Ar'}$$

图 4-2 N'-对甲苯磺酰芳基肼参与的 Suzuki 偶联反应（一）

$$\text{ArNHNHTs} + \text{Ar'B} \xrightarrow[\text{DMSO, N}_2, 60℃]{\substack{\text{Pd(OAc)}_2(\text{摩尔分数2\%}) \\ \text{K}_2\text{CO}_3(\text{摩尔分数200\%})}} \text{Ar—Ar'}$$

图 4-3 N'-对甲苯磺酰芳基肼参与的 Suzuki 偶联反应（二）

将 N'-对甲苯磺酰芳基肼（0.2mmol），芳基硼酸（0.24mmol），醋酸钯（0.004mmol，摩尔分数 2%），碳酸钾（0.4mmol，2 当量）溶于 1.5mL 甲醇中，氮气保护下 60℃反应 2~12h。经 TLC 检测反应结束后，往反应体系中加 5mL 饱和食盐水，再用乙酸乙酯（5mL）萃取三次。合并有机相，并蒸除溶剂，经柱层析分离得产物。

将 N'-对甲苯磺酰芳基肼（0.24mmol），芳基硼试剂（0.2mmol），醋酸钯（0.004mmol，摩尔分数2%），碳酸钾（0.4mmol，2当量）溶于1mL DMSO 中，氮气保护下60℃反应2~12h。经TLC检测反应结束后，往反应体系中加5mL饱和食盐水，再用乙酸乙酯（5mL）萃取三次。合并有机相，并蒸除溶剂，经柱层析分离得产物。

4.3 Suzuki 偶联反应结果与讨论

首先，我们选择了 N'-对甲苯磺酰芳基肼 **3.1a** 和 4-甲氧基苯基硼酸 **4.2a** 作为底物进行模板反应的条件筛选，结果列于表 4-1。当醋酸钯为催化剂，碳酸钾为碱，**3.1a** 与 **4.2a** 在 DMSO 中常温下反应顺利得到交叉偶联产物 **4.3a**，产率可达56%（第1列）。受此结果的激励，我们对更多的钯催化剂和碱进行了筛选。然而，并未发现比醋酸钯/碳酸钾更高效的催化组合（第2~9列）。另外，我们观察到溶剂对此过程有重要影响（第10~15列）。当反应以 DMSO、DMF、乙腈、甲醇和甲苯为溶剂时，均能得到交叉偶联产物；但以四氢呋喃或者乙二醇二甲醚为溶剂时，反应基本不发生。尽管在 DMSO 和甲醇中反应结果相当，考虑到反应后处理的难易程度，我们最终选择了甲醇为溶剂。之后，我们考察了温度对反应的影响，发现当反应温度为60℃时，可以得到最高83%的产率（第16列，对比第12列）。当钯催化剂的用量（摩尔分数）降至2%时，并未使产率降低（第18列，对比第16列）。钯催化剂对于 Suzuki 反应是必需的，当反应过程中无钯催化剂存在时，无法得到交叉偶联产物（第20列）。

表 4-1 Suzuki 交叉偶联反应条件筛选结果[①]

列	催化剂/碱	溶剂	产率[②]/%
1	$Pd(OAc)_2/K_2CO_3$	DMSO	56
2	$PdCl_2/K_2CO_3$	DMSO	54
3	$PdCl_2(PPh_3)_2/K_2CO_3$	DMSO	43
4	$Pd(PPh_3)_4/K_2CO_3$	DMSO	40
5	$Pd(OAc)_2/KF$	DMSO	50
6	$Pd(OAc)_2/K_3PO_4$	DMSO	44
7	$Pd(OAc)_2/KOAc$	DMSO	40

续表 4-1

列	催化剂/碱	溶剂	产率②/%
8	Pd(OAc)$_2$/Na$_2$CO$_3$	DMSO	41
9	Pd(OAc)$_2$/Et$_3$N	DMSO	40
10	Pd(OAc)$_2$/K$_2$CO$_3$	DMF	50
11	Pd(OAc)$_2$/K$_2$CO$_3$	MeCN	30
12	Pd(OAc)$_2$/K$_2$CO$_3$	MeOH	57
13	Pd(OAc)$_2$/K$_2$CO$_3$	THF	—
14	Pd(OAc)$_2$/K$_2$CO$_3$	DME	—
15	Pd(OAc)$_2$/K$_2$CO$_3$	甲苯	36
16③	Pd(OAc)$_2$/K$_2$CO$_3$	MeOH	83
17③④	Pd(OAc)$_2$/K$_2$CO$_3$	MeOH	80
18③⑤	Pd(OAc)$_2$/K$_2$CO$_3$	MeOH	84
19③⑥	Pd(OAc)$_2$/K$_2$CO$_3$	MeOH	75
20③	—/K$_2$CO$_3$	MeOH	—

①反应条件：**3.1a**（0.2mmol），**4.2a**（0.24mmol），钯催化剂（摩尔分数5%），碱（2.0当量），溶剂（2mL），常温下氮气保护 4~12h。
②分离收率。
③60℃。
④钯催化剂（摩尔分数10%）。
⑤钯催化剂（摩尔分数2%）。
⑥钯催化剂（摩尔分数1%）。

之后，我们对 N'-对甲苯磺酰芳基肼与芳基硼酸的 Suzuki 交叉偶联反应进行了底物拓展，结果列于表 4-2。4-甲氧基苯基硼酸 **4.2a** 能与各种 N'-对甲苯磺酰芳基肼发生反应，并获得较高收率（第 1~8 列）。N'-对甲苯磺酰芳基肼芳环上带有供电子和吸电子基团都能很好地参与反应。例如，芳环上带有甲基的 **3.1b** 以及芳环为甲氧基取代的 **3.1c** 均能与 **4.2a** 反应，得到相应的联芳烃产物，产率分别为 85% 和 75%（第 2 和 3 列）。底物芳环上为氯取代和三氟甲氧基取代时，均能得到较好收率（第 5~7 列）。当底物芳环上含强吸电子硝基时，亦能得到产率为 78% 的交叉偶联产物（第 8 列）。此外，芳环上为邻位甲基取代的底物 **3.1d**，也能顺利参与反应，并未受到空间位阻的影响（第 4 列）。

除了芳基硼酸 **4.2a**，其他类型的取代芳基硼酸也能顺利参与反应（第 9~15 列）。例如苯基硼酸和对甲基苯基硼酸均能高效地与多种 N'-对甲苯磺酰芳基肼发生 Suzuki 交叉偶联反应（第 9~11 和 15 列）。卤代芳基硼酸 **4.2d**（第 12 和 14

列）和杂环芳基取代的硼酸 **4.2e**（第 13 列）也能在该交叉偶联反应中取得较好收率。

表 4-2 N'-对甲苯磺酰芳基肼与芳基硼酸的 Suzuki 交叉偶联[①]

$$\text{Ar—NHNHTs} + \text{Ar'—B(OH)}_2 \xrightarrow[\text{MeOH, N}_2, 60℃]{\text{Pd(OAc)}_2(\text{摩尔分数2\%}) \atop \text{K}_2\text{CO}_3(\text{摩尔分数200\%})} \text{Ar—Ar'}$$

(3.1)　　　　(4.2)　　　　　　　　　　　(4.3)

列	Ar	Ar'	Ar—Ar'	产率[②]/%
1	(3.1a)	MeO–⌬ (4.2a)	(4.3aa)	84
2	Me–⌬ (3.1b)	MeO–⌬ (4.2a)	(4.3ba)	85
3	MeO–⌬ (3.1c)	MeO–⌬ (4.2a)	(4.3ca)	75
4	o-Me-⌬ (3.1d)	MeO–⌬ (4.2a)	(4.3da)	82
5	F$_3$CO–⌬ (3.1e)	MeO–⌬ (4.2a)	(4.3ea)	86
6	Cl–⌬ (3.1f)	MeO–⌬ (4.2a)	(4.3fa)	83
7	m-Cl-⌬ (3.1g)	MeO–⌬ (4.2a)	(4.3ga)	80
8	O$_2$N–⌬ (3.1h)	MeO–⌬ (4.2a)	(4.3ha)	78
9	(3.1a)	(4.2b)	(4.3ab)	92
10	Me–⌬ (3.1b)	Me–⌬ (4.2c)	(4.3bc)	93
11	MeO–⌬ (3.1c)	(4.2b)	(4.3cb)	76

续表 4-2

列	Ar	Ar'	Ar—Ar'	产率[②]/%
12	MeO-C₆H₄- (3.1c)	3-Cl-C₆H₄- (4.2d)	(4.3cd)	70
13	MeO-C₆H₄- (3.1c)	1-萘基 (4.2e)	(4.3ce)	71
14	3-Cl-C₆H₄- (3.1g)	3-Cl-C₆H₄- (4.2d)	(4.3gd)	80
15	O_2N-C₆H₄- (3.1h)	Me-C₆H₄- (4.2c)	(4.3hc)	79

[①]反应条件：**3.1**（0.2mmol），**4.2**（0.24mmol），Pd(OAc)$_2$（摩尔分数2%），K$_2$CO$_3$（2.0当量），MeOH（1.5mL），60℃，氮气保护下 2~12h。
[②]分离产率。

除了芳基硼酸，其他硼试剂如芳基硼烷和能与芳基硼酸频那醇酯也能与 N'-对甲苯磺酰芳基肼发生 Suzuki 交叉偶联反应。经过条件优化，我们发现这些芳基硼试剂在 DMSO 溶剂中效果更好（见表 4-3）。3-吡啶基二乙基硼烷 **4.2f** 能与多种 N'-对甲苯磺酰芳基肼反应（第 1~8 列）。例如，底物 **3.1** 芳环上含给电子基甲基时，无论其处于对位、间位或者邻位，都能给出较高的收率（第 2，3 和 5 列）。当底物 **3.1** 芳环上为对位或邻位甲氧基取代时，均能在反应中表现出较好的活性（第 4 和 6 列）。而底物 **3.1** 芳环上为氯代的 **3.1f** 和 **3.1g** 亦能顺利参与反应（第 7 和 8 列）。值得注意的是，当芳环上邻位取代的 N'-对甲苯磺酰芳基肼参与反应时，需要更高当量的钯催化剂来克服底物的位阻效应（第 5 和 6 列）。含伯胺基的硼酸频那醇酯 **4.2g** 参与反应时，也能分别给出高达 85% 和 81% 的收率（第 9 和 10 列），说明此类反应具有很好的官能团兼容性，底物中的伯胺基官能团不会影响交叉偶联反应。

4.3 Suzuki 偶联反应结果与讨论

表 4-3 N'-对甲苯磺酰芳基肼与其他硼试剂的 **Suzuki** 交叉偶联[①]

$$\text{ArNHNHTs} + \text{Ar}'\text{—B} \xrightarrow[\text{DMSO, N}_2, 60℃]{\text{Pd(OAc)}_2 (\text{摩尔分数2\%}) \atop \text{K}_2\text{CO}_3 (\text{摩尔分数200\%})} \text{Ar—Ar}'$$
$$\quad (3.1) \qquad (4.2) \qquad\qquad\qquad\qquad\qquad\qquad (4.3)$$

列	Ar	Ar'	Ar—Ar'	产率[②]/%
1	Ph— (3.1a)	3-(BEt₂)吡啶 (4.2f)	(4.3af)	85
2	4-Me-C₆H₄— (3.1b)	(4.2f)	(4.3bf)	74
3	3-Me-C₆H₄— (3.1i)	(4.2f)	(4.3if)	70
4	4-MeO-C₆H₄— (3.1c)	(4.2f)	(4.3cf)	68
5[③]	2-Me-C₆H₄— (3.1d)	(4.2f)	(4.3df)	55
6[③]	2-OMe-C₆H₄— (3.1k)	(4.2f)	(4.3kf)	64
7	4-Cl-C₆H₄— (3.1f)	(4.2f)	(4.3ff)	76
8	3-Cl-C₆H₄— (3.1g)	(4.2f)	(4.3gf)	73
9	Ph— (3.1a)	2-氨基-5-B(pin)嘧啶 (4.2g)	(4.3ag)	85
10	4-Me-C₆H₄— (3.1b)	(4.2g)	(4.3bg)	**81**

[①] 反应条件：3.1 (0.24mmol)，4.2 (0.2mmol)，Pd(OAc)₂ (摩尔分数 2%)，K₂CO₃ (2.0 当量)，DMSO (1mL)，60℃，氮气保护下反应 2~6h。
[②] 分离产率。
[③] Pd(OAc)₂ (摩尔分数 5%)。

进一步研究发现，磺酰肼的芳环上同时含有 Br 原子和磺酰肼基团时，在钯催化偶联反应中表现出很好的化学选择性。例如，**3.1l** 和 **4.2a** 反应得到 **4.3l** 为主要产物（见图 4-4）。说明在此反应条件下磺酰芳基肼的反应活性要比芳基溴的反应活性高。利用此活性的差别，可以方便地制备多芳基化合物。例如，产物 **4.3l** 中的芳基溴可以进一步发生交叉偶联，得到多联芳烃。

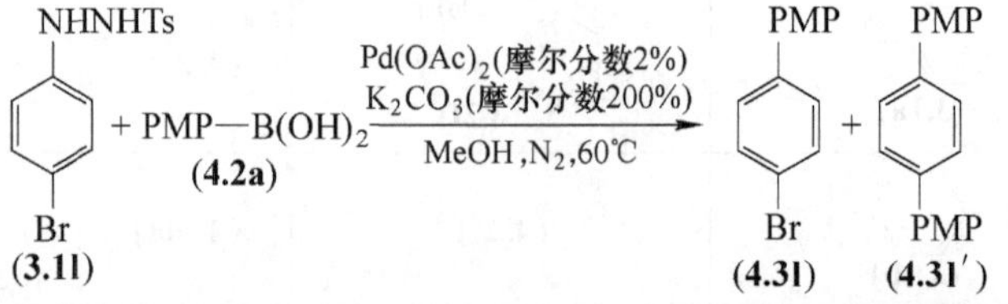

图 4-4 底物 **3.1l** 与 **4.2a** 的 Suzuki 交叉偶联反应

除了 N'-对甲苯磺酰芳基肼，我们还对 N'-对甲苯磺酰烷基肼参与的 Suzuki 交叉偶联反应进行了尝试。当 N'-对甲苯磺酰苄基肼 **3.1m** 与 **4.2a** 在类似条件下反应时，可以得到少量交叉偶联产物（**P1**），同时检测到甲苯（底物 **3.1m** 的分解产物）和 4,4'-二甲氧基联苯（**4.2a** 自身偶联反应产物）的生成（见图 4-5）。在不同钯催化量下，三种产物的比例有所不同。对于 N'-对甲苯磺酰异丙基肼参与的交叉偶联反应，只检测到芳基硼酸的自身偶联产物，而未发现交叉偶联产物的生成（见图 4-6）。在目前催化条件下，烷基肼还无法有效参与此类反应。我们推测是由于烷基重氮中间体太过活泼，半衰期短，以致无法有效参与交叉偶联反应。

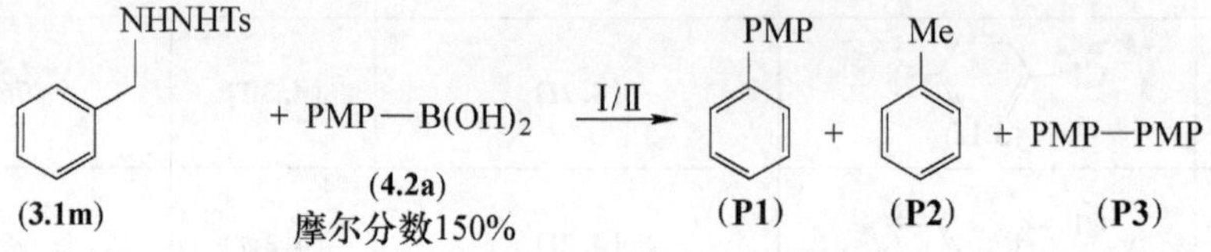

I — Pd(OAc)$_2$(摩尔分数2%),K$_2$CO$_3$(摩尔分数200%), MeOH, N$_2$, 60℃, **P1:P2:P3**=13:6:81
II — Pd(OAc)$_2$(摩尔分数5%),K$_2$CO$_3$(摩尔分数200%), MeOH, N$_2$, 60℃, **P1:P2:P3**=15:40:45

图 4-5 N'-对甲苯磺酰苄基肼参与的 Suzuki 交叉偶联反应

N'-对甲苯磺酰芳基肼作为一类方便易得和性质稳定的高效偶联试剂，除了可以参与 Suzuki 偶联反应，还能与芳基硅试剂和芳基碘发生交叉偶联反应。例如，当底物 **3.1a** 参与 Hiyama 偶联时，可以 88% 的收率得到交叉偶联产物联苯（见图 4-7(a)）。N'-对甲苯磺酰苯肼还能与对甲氧基碘苯发生交叉偶联，得到相应的偶联产物，产率可达 79%（见图 4-7(b)）。

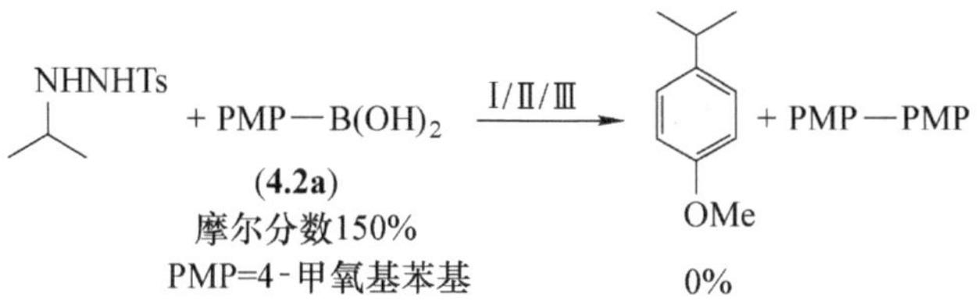

4.3 Suzuki 偶联反应结果与讨论

$$\text{iPr-NHNHTs} + \text{PMP-B(OH)}_2 \xrightarrow{\text{I/II/III}} \text{iPr-C}_6\text{H}_4\text{-OMe} + \text{PMP-PMP}$$

(4.2a)
摩尔分数150%
PMP=4-甲氧基苯基   0%

I — Pd(OAc)$_2$(摩尔分数2%), K$_2$CO$_3$(摩尔分数200%), MeOH, N$_2$, 25℃
II — Pd(OAc)$_2$(摩尔分数2%), K$_2$CO$_3$(摩尔分数200%), MeOH, N$_2$, 60℃
III — Pd(OAc)$_2$(摩尔分数5%), K$_2$CO$_3$(摩尔分数200%), MeOH, N$_2$, 60℃

图 4-6 N'-对甲苯磺酰异丙基肼参与的 Suzuki 交叉偶联反应

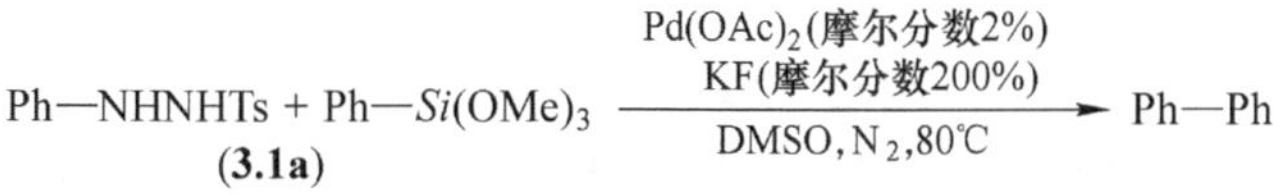

$$\text{Ph-NHNHTs} + \text{Ph-}Si(\text{OMe})_3 \xrightarrow[\text{DMSO, N}_2, 80℃]{\text{Pd(OAc)}_2(\text{摩尔分数2\%}) \atop \text{KF(摩尔分数200\%)}} \text{Ph-Ph}$$

(3.1a)

(a)

$$\text{Ph-NHNHTs} + \text{I-C}_6\text{H}_4\text{-OMe} \xrightarrow[\text{DMSO, N}_2, 100℃]{\text{Pd(OAc)}_2(\text{摩尔分数2\%}) \atop \text{K}_2\text{CO}_3(\text{摩尔分数200\%})} \text{Ph-C}_6\text{H}_4\text{-OMe}$$

(3.1a)

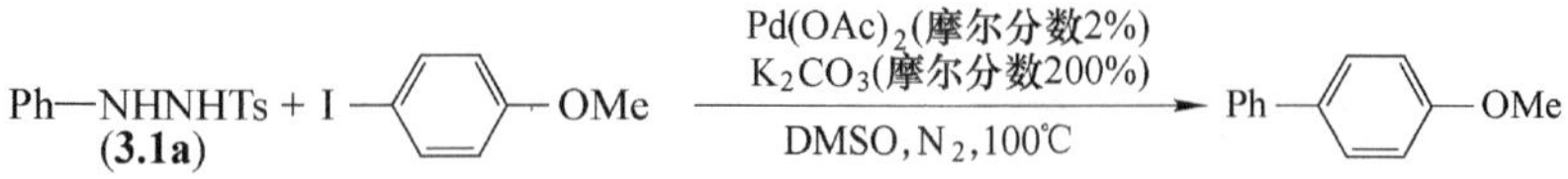

(b)

图 4-7 N'-对甲苯磺酰苯肼参与的 Hiyama 偶联反应 (a) 和
N'-对甲苯磺酰苯肼与对甲氧基碘苯的交叉偶联反应 (b)

为了探究上述 Suzuki 偶联反应机理, 我们做了相关对照实验 (见图 4-8)。研究发现, N'-对甲苯磺酰苯肼在三乙胺的促进下, 可以生成二氮烯 **3.1a'**。分离得到的 **3.1a'** 与对甲氧基苯基硼酸发生上述 Suzuki 反应时, 同样可以得到预期的交叉偶联产物, 反应转化率 100%。这说明 N'-对甲苯磺酰芳基肼极有可能是通过原位生成二氮烯中间体, 继而发生了后续的 Suzuki 反应。

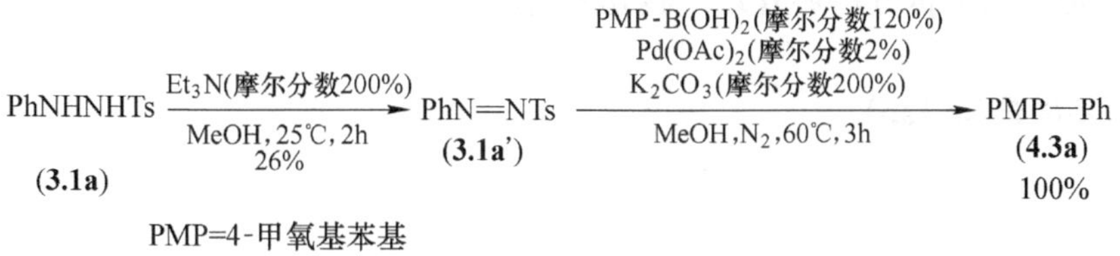

$$\text{PhNHNHTs} \xrightarrow[\text{MeOH, 25℃, 2h}]{\text{Et}_3\text{N(摩尔分数200\%)}} \text{PhN=NTs} \xrightarrow[\text{MeOH, N}_2, 60℃, 3h]{\text{PMP-B(OH)}_2(\text{摩尔分数120\%}) \atop \text{Pd(OAc)}_2(\text{摩尔分数2\%}) \atop \text{K}_2\text{CO}_3(\text{摩尔分数200\%})} \text{PMP-Ph}$$

(3.1a)   26%   (3.1a')   (4.3a)
                                                                    100%
PMP=4-甲氧基苯基

图 4-8 对照实验

基于以上实验, 我们对 N'-对甲苯磺酰芳基肼参与的 Suzuki 偶联反应提出了可能的反应机理[1] (见图 4-9)。N'-对甲苯磺酰芳基肼在二价钯氧化下脱氢得到二氮烯, 而二氮烯在溶液中与芳基重氮盐存在解离平衡。与此同时, 生成的 Ts

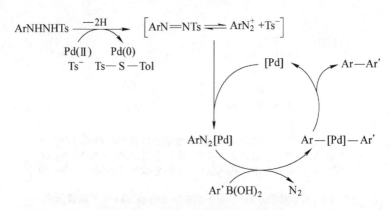

图 4-9 Suzuki 交叉偶联反应机理

负离子，可作为氧化剂，氧化原料，继续生成二氮烯。然后重氮化合物与钯催化剂发生氧化加成得到钯络合物，之后再与芳基硼酸发生金属交换得到二芳基钯中间体。最后二芳基钯中间体发生还原消除得到联芳烃产物。与此同时，钯催化剂得到再生。

4.4 Suzuki 偶联反应小结

在本章中，我们研究了一种 N'-对甲苯磺酰芳基肼与芳基硼试剂的 Suzuki 交叉偶联反应，并高产率地制备了多种联芳烃化合物。N'-对甲苯磺酰芳基肼作为一类新颖、稳定、方便易得和高效的偶联试剂，不仅能与芳基硼酸反应，还能与二烷基芳基硼烷以及硼酸频那醇酯发生 Suzuki 交叉偶联反应。此外，N'-对甲苯磺酰芳基肼在 Hiyama 偶联以及与芳基碘代物的偶联反应中均表现出较高活性。我们还对 N'-对甲苯磺酰芳基肼参与偶联反应的历程做了相关研究，发现关键反应中间体二氮烯的生成。总之，此类反应是对经典 Suzuki 偶联反应很好的补充，有望发展成简单实用的合成新方法。

4.5 Suzuki 偶联反应相关产物数据表征

4-甲氧基联苯(4.3aa)

白色固体；熔点：90~91℃；^{1}H NMR(400MHz, CDCl$_3$)：δ 7.56~7.51 (m, 4H), 7.41 (t, J = 7.7Hz, 2H), 7.30 (t, J = 7.4Hz, 1H), 6.99~6.96 (m, 2H), 3.85 (s, 3H)；^{13}C NMR(101MHz, CDCl$_3$)：δ 159.19, 140.86, 133.83, 128.69, 128.13, 126.73, 126.63, 114.23, 55.33。

4.5 Suzuki 偶联反应相关产物数据表征

4-甲氧基-4'-甲基联苯(4.3ba)

Me—⟨⟩—⟨⟩—OMe

白色固体；熔点：107~108℃；^{1}H NMR(400MHz, CDCl$_3$)：δ 7.54(*d*, *J* = 8.4Hz, 2H), 7.47(*d*, *J* = 8.0Hz, 2H), 7.25(*d*, *J* = 8.0Hz, 2H), 6.99(*d*, *J* = 8.5Hz, 2H), 3.87(s, 3H), 2.41(s, 3H)；^{13}C NMR(101MHz, CDCl$_3$)：δ 158.94, 137.98, 136.35, 133.77, 129.44, 127.95, 126.59, 114.17, 55.34, 21.04。

4,4'-二甲氧基联苯(4.3ca)

MeO—⟨⟩—⟨⟩—OMe

白色固体；熔点：169~170℃；^{1}H NMR(400MHz, CDCl$_3$)：δ 7.47(*d*, *J* = 8.6Hz, 4H), 6.95(*d*, *J* = 8.6Hz, 4H), 3.84(s, 6H)；^{13}C NMR(101MHz, CDCl$_3$)：δ 158.71, 133.50, 127.73, 114.18, 55.34。

4'-甲氧基-2-甲基联苯 (4.3da)

⟨⟩(Me)—⟨⟩—OMe

白色固体；熔点：52~53℃；^{1}H NMR(400MHz, CDCl$_3$)：δ 7.26~7.22(m, 6H), 6.96~6.94(m, 2H), 3.85(s, 3H), 2.27(s, 3H)；^{13}C NMR(101MHz, CDCl$_3$)：δ 158.52, 141.56, 135.48, 134.39, 130.27, 130.24, 129.89, 126.95, 125.73, 113.49, 55.28, 20.52。

4-甲氧基-4'-(二氟甲氧基) 联苯(4.3ea)

F$_3$C—O—⟨⟩—⟨⟩—OMe

白色固体；熔点：95~97℃；^{1}H NMR(400MHz, CDCl$_3$)：δ 7.56(*d*, *J* = 8.6Hz, 2H), 7.50(*d*, *J* = 8.6Hz, 2H), 7.28(*d*, *J* = 3.3Hz, 2H), 7.00(*d*, *J* = 8.6Hz, 2H), 3.87(s, 3H)；^{13}C NMR(101MHz, CDCl$_3$)：δ 159.44, 148.19,

139.63, 132.37, 128.14, 127.95, 121.20, 114.33, 55.35。

4-氯-4'-甲氧基联苯 (4.3fa)

Cl—☐—☐—OMe

白色固体；熔点：110~111℃；^{1}H NMR(400MHz, CDCl$_3$)：δ 7.50(dd, J = 10.6, 3.6Hz, 4H), 7.40~7.38(m, 2H), 7.00~6.98(m, 2H), 3.87(s, 3H)；^{13}C NMR(101MHz, CDCl$_3$)：δ 159.38, 139.28, 132.68, 132.51, 128.83, 128.01, 127.93, 114.32, 55.36。

3-氯-4'-甲氧基联苯 (4.3ga)

☐—☐—OMe
Cl

白色固体；熔点：52~53℃；^{1}H NMR(400MHz, CDCl$_3$)：δ 7.53~7.48(m, 3H), 7.43~7.40(m, 1H), 7.33(t, J = 7.8Hz, 1H), 7.28~7.25(m, 1H), 6.98~6.96(m, 2H), 3.85(s, 3H)；^{13}C NMR(101MHz, CDCl$_3$)：δ 159.59, 142.67, 134.60, 132.30129.92128.15, 126.82, 126.62, 124.83, 114.33, 55.36。

4-甲氧基-4'-硝基联苯 (4.3ha)

O$_2$N—☐—☐—OMe

黄色固体；熔点：104~105℃；^{1}H NMR(400MHz, CDCl$_3$)：δ 8.27(d, J = 8.8Hz, 2H), 7.69(d, J = 8.8Hz, 2H), 7.58(d, J = 8.8Hz, 2H), 7.02(d, J = 8.8Hz, 2H), 3.87(s, 3H)；^{13}C NMR(101MHz, CDCl$_3$)：δ 160.46, 147.21, 146.57, 131.09, 128.56, 127.07, 124.13, 114.62, 55.42。

联苯 (4.3ab)

☐—☐

白色固体；熔点：68~69℃；^{1}H NMR(400MHz, CDCl$_3$)：δ 7.62(d, J = 7.4Hz, 4H), 7.47(t, J = 7.7Hz, 4H), 7.37(t, J = 7.3Hz, 2H)；^{13}C NMR

(101MHz, CDCl$_3$): δ 141.25, 128.74, 127.24, 127.16。

4,4'-二甲基联苯 (4.3bc)

Me—⟨⟩—⟨⟩—Me

白色固体；熔点：119~120℃；^{1}H NMR(400MHz, CDCl$_3$): δ 7.51(d, J = 8.0Hz, 4H), 7.27(d, J = 7.8Hz, 4H), 2.42(s, 6H); ^{13}C NMR(101MHz, CDCl$_3$): δ 138.31, 136.70, 129.44, 126.82, 21.08。

2-(4-甲氧基苯基)萘(4.3ce)

MeO—⟨⟩—⟨⟩⟨⟩

白色固体；熔点：130~132℃；^{1}H NMR(400MHz, CDCl$_3$): δ 8.00(s, 1H), 7.89(dd, J = 15.8, 9.4Hz, 3H), 7.71(dd, J = 20.9, 8.6Hz, 3H), 7.53~7.45(m, 2H), 7.05(d, J = 8.6Hz, 2H), 3.89(s, 3H); ^{13}C NMR(101MHz, CDCl$_3$): δ 159.25, 138.16, 133.76, 133.65, 132.32, 128.42, 128.33, 128.04, 127.61, 126.22, 125.64, 125.43, 125.03, 114.32, 55.38。

3,3'-二氯联苯 (4.3gd)

Cl—⟨⟩—⟨⟩—Cl

无色油状物；^{1}H NMR(400MHz, CDCl$_3$): δ 7.56(d, J = 0.6Hz, 2H), 7.45(dd, J = 7.0, 0.9Hz, 2H), 7.41~7.35(m, 4H); ^{13}C NMR(101MHz, CDCl$_3$): δ 140.62, 133.82, 129.11, 126.87, 126.26, 124.25。

4-甲基-4'-硝基苯 (4.3hc)

O$_2$N—⟨⟩—⟨⟩—Me

黄色固体；熔点：140~141℃；^{1}H NMR(400MHz, CDCl$_3$): δ 8.28(d, J = 8.5Hz, 2H), 7.71(d, J = 8.6Hz, 2H), 7.53(d, J = 8.1Hz, 2H), 7.30(d, J = 8.3Hz, 2H), 2.42(s, 3H); ^{13}C NMR(101MHz, CDCl$_3$): δ 147.58, 146.87,

139.08, 135.86, 129.88, 127.47, 127.21, 124.09, 21.19。

3-苯基吡啶（4.3af）

无色油状物；^{1}H NMR（400MHz，CDCl$_3$）：δ 8.85（d, J = 2.1Hz, 1H），8.60~8.58（m, 1H），7.88（dt, J = 7.9, 1.6Hz, 1H），7.58（d, J = 7.6Hz, 2H），7.48（t, J=7.6Hz, 2H），7.43~7.40（m, 1H），7.39~7.35（m, 1H）；^{13}C NMR（101MHz，CDCl$_3$）：δ 148.31, 148.19, 137.77, 136.73, 134.48, 129.09, 128.14, 127.15, 123.59。

3-对甲苯基吡啶（4.3bf）

无色油状物；^{1}H NMR（400MHz，CDCl$_3$）：δ 8.83（s, 1H），8.56（d, J = 4.7Hz, 1H），7.86~7.84（m, 1H），7.48（d, J = 7.3Hz, 2H），7.34（dd, J = 7.8, 4.9Hz, 1H），7.27（dd, J = 11.1, 4.3Hz, 2H），2.41（s, 3H）；^{13}C NMR（101MHz，CDCl$_3$）：δ 148.18, 148.16, 138.03, 136.58, 134.93, 134.14, 129.80, 126.97, 123.50, 21.13。

3-间甲苯基吡啶（4.3if）

无色油状物；^{1}H NMR（400MHz，CDCl$_3$）：δ 8.84（s, 1H），8.58（d, J = 4.4Hz, 1H），7.86（d, J = 7.8Hz, 1H），7.39~7.33（m, 4H），7.22（d, J = 4.5Hz, 1H），2.43（s, 3H）；^{13}C NMR（101MHz，CDCl$_3$）：δ 148.35, 138.76, 137.82, 136.78, 134.36, 128.98, 128.84, 127.91, 124.25, 123.49, 21.50。

3-(4-甲氧基苯基)吡啶（4.3cf）

无色油状物;^{1}H NMR(400MHz, CDCl$_3$): δ 8.82(s, 1H), 8.54(d, J = 4.0Hz, 1H), 7.83(dd, J = 7.9, 1.4Hz, 1H), 7.52(d, J = 8.7Hz, 2H), 7.33(dd, J = 7.8, 4.9Hz, 1H), 7.01(d, J = 8.7Hz, 2H), 3.86(s, 3H); ^{13}C NMR(101MHz, CDCl$_3$): δ 159.78, 147.98, 147.85, 133.86, 130.26, 128.22, 123.50, 114.56, 55.38。

3-邻甲苯基吡啶 (4.3df)

无色油状物;^{1}H NMR(400MHz, CDCl$_3$): δ 8.59(dd, J = 4.7, 1.5Hz, 2H), 7.67~7.64(m, 1H), 7.36~7.26(m, 4H), 7.22(d, J = 7.0Hz, 1H), 2.28(s, 3H); ^{13}C NMR(101MHz, CDCl$_3$): δ 149.95, 148.10, 138.09, 137.47, 136.48, 135.59, 130.56, 129.86, 128.11, 126.07, 123.00, 20.38。

3-(2-甲氧基苯基)吡啶 (4.3kf)

无色油状物;^{1}H NMR(400MHz, CDCl$_3$): δ 8.78(s, 1H), 8.56(d, J = 4.3Hz, 1H), 7.87(d, J = 7.1Hz, 1H), 7.40~7.32(m, 3H), 7.09~7.01(m, 2H), 3.83(s, 3H); ^{13}C NMR(101MHz, CDCl$_3$): δ 156.58, 150.26, 147.90, 136.80, 134.22, 130.65, 129.54, 127.06, 122.87, 121.05, 111.30, 55.52。

3-(4-氯苯基)吡啶 (4.3ff)

无色油状物;^{1}H NMR(400MHz, CDCl$_3$): δ 8.82(d, J = 2.0Hz, 1H), 8.61(d, J = 4.8Hz, 1H), 7.84(dd, J = 7.9, 1.6Hz, 1H), 7.52(d, J = 8.4Hz, 2H), 7.46(d, J = 8.5Hz, 2H), 7.37(dd, J = 7.9, 4.8Hz, 1H); ^{13}C NMR(101MHz, CDCl$_3$): δ 148.77, 148.11, 136.28, 135.52, 134.40, 134.20, 129.29, 128.39, 123.61。

3-(3-氯苯基)吡啶 (4.3gf)

无色油状物；¹H NMR(400MHz, CDCl₃)：δ 8.70(d, J=2.3Hz, 1H), 8.50(dd, J=4.8, 1.3Hz, 1H), 7.74~7.71(m, 1H), 7.45(t, J=1.7Hz, 1H), 7.35~7.14(m, 4H)；¹³C NMR(101MHz, CDCl₃)：δ 149.05, 148.22, 139.68, 135.37, 135.04, 134.37, 130.33, 128.16, 127.30, 125.31, 123.63。

5-苯基嘧啶-2-胺（4.3ag）

白色固体；熔点：161~163℃；¹H NMR(400MHz, CDCl₃)：δ 8.54(s, 2H), 7.48~7.44(m, 4H), 7.37(d, J=6.3Hz, 1H), 5.13(s, 2H)；¹³C NMR(101MHz, CDCl₃)：δ 162.23, 156.50, 135.25, 129.15, 127.58, 126.06, 125.03。

5-对甲苯基嘧啶-2-胺（4.3bg）

白色固体；熔点：192~193℃；¹H NMR(400MHz, CDCl3)：δ 8.51(s, 2H), 7.37(d, J=7.9Hz, 2H), 7.25(d, J=7.5Hz, 2H), 5.33(s, 2H), 2.39(s, 3H)；¹³C NMR(101MHz, CDCl₃)：δ 162.13, 156.31, 137.44, 132.34, 129.85, 125.90, 124.95, 21.10。

4-溴-4'-甲氧基联苯（4.3l）

白色固体；熔点：143~144℃；¹H NMR(400MHz, CDCl₃)：δ 7.50(dd, J=17.3, 7.1Hz, 4H), 7.41(d, J=6.9Hz, 2H), 6.97(d, J=7.0Hz, 2H), 3.85(s, 3H)。

参 考 文 献

[1] Roglans A, Plaquintana A, Morenomanas M, et al. Diazonium salts as substrates in palladium-catalyzed cross-coupling reactions[J]. Chemical Reviews, 2006, 106(11)：4622~4643.

[2] Partyka D V. Transmetalation of unsaturated carbon nucleophiles from boron-containing species to

the mid to late d-block metals of relevance to catalytic C-X coupling reactions(X=C, F, N, O, Pb, S, Se, Te)[J]. Chemical Reviews, 2011, 111(3): 1529~1595.

[3] Wu X, Neumann H, Beller M, et al. Palladium-catalyzed carbonylative coupling reactions between Ar-X and carbon nucleophiles[J]. Chemical Society Reviews, 2011, 40(10): 4986~5009.

5 N'-对甲苯磺酰芳基肼参与的 Heck 和 Sonogashira 偶联反应研究

5.1 Heck 和 Sonogashira 偶联反应简介

过渡金属催化的 Heck 和 Sonogashira 偶联分别是制备芳基取代烯烃和炔烃的重要方法。近年来，含 C-N 键化合物（如重氮盐[1]和芳基肼[2]）参与的 Heck 和 Sonogashira 偶联也有见报道。然而这些体系都有自身的不足，如底物重氮盐的不稳定性，以及芳基肼需要在强酸性条件下才能发生反应。如何克服此类试剂的不足，寻找新的稳定高效的重氮盐前体已经成为化学家们关注的热点。

此前，我们已经把 N'-对甲苯磺酰芳基肼成功地应用到 Suzuki 交叉偶联反应中。N'-对甲苯磺酰芳基肼作为一类高效的偶联试剂，在多种交叉偶联反应中表现出了良好的通用性。在本章中，我们将对 N'-对甲苯磺酰芳基肼参与的 Heck 和 Sonogashira 偶联反应进行深入研究。

5.2 Heck 和 Sonogashira 偶联反应实验部分

5.2.1 N'-对甲苯磺酰芳基肼与烯烃的交叉偶联反应

N'-对甲苯磺酰芳基肼与烯烃的交叉偶联反应如图 5-1 所示。

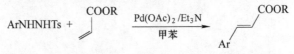

图 5-1 N'-对甲苯磺酰芳基肼与烯烃的交叉偶联反应

将 N'-对甲苯磺酰芳基肼（0.24mmol），丙烯酸酯（0.2mmol），醋酸钯（0.01mmol，摩尔分数 5%），三乙胺（0.4mmol，2 当量）溶于 2mL 甲苯中，常温或 80℃反应 2~12h。经 TLC 检测反应结束后，往反应体系中加 5mL 饱和食盐水，再用乙酸乙酯（5mL）萃取三次。合并有机相，并蒸除溶剂，经柱层析分离得产物。

5.2.2 N'-对甲苯磺酰芳基肼与炔烃的交叉偶联反应

N'-对甲苯磺酰芳基肼与炔烃的交叉偶联反应如图 5-2 所示。

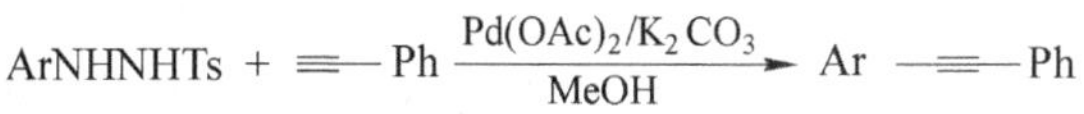

$$\text{ArNHNHTs} + \equiv\!-\!\text{Ph} \xrightarrow[\text{MeOH}]{\text{Pd(OAc)}_2/\text{K}_2\text{CO}_3} \text{Ar}\!-\!\!\equiv\!-\!\text{Ph}$$

图 5-2 N'-对甲苯磺酰芳基肼与炔烃的交叉偶联反应

将 N'-对甲苯磺酰芳基肼（0.24mmol），苯乙炔（0.2mmol），醋酸钯（0.01mmol，摩尔分数 5%），碳酸钾（0.4mmol，2 当量）溶于 2mL 甲醇中，常温反应 2~12h。经 TLC 检测反应结束后，往反应体系中加 5mL 饱和食盐水，再用乙酸乙酯（5mL）萃取三次。合并有机相，并蒸除溶剂，经柱层析分离得产物。

5.3 Heck 和 Sonogashira 偶联反应结果与讨论

5.3.1 N'-对甲苯磺酰芳基肼与烯烃的 Heck 偶联反应

首先，我们选择 N'-对甲苯磺酰苯肼与丙烯酸叔丁酯作为底物，进行模板反应的条件筛选，其结果列于表 5-1。当底物在醋酸钯和三乙胺的催化下，分别在甲醇、甲苯、四氢呋喃和二氯甲烷四种溶剂中平行反应时，发现在甲苯和二氯甲烷中能得到较高收率（第 1~4 列）。当反应以甲苯为溶剂，温度从常温上升至 50℃ 时，反应收率可提高至 85%（第 5 列）。如果把三乙胺换成碳酸钾，反应产率降低至 60%（第 6 列）。此外，氯化钯和四（三苯基膦）钯的催化效果均不如醋酸钯（第 7 和 8 列）。同时，我们还尝试将醋酸钯的用量（摩尔分数）降低至 2%，但反应的产率却受到较大影响（第 9 列）。最终，我们确定以醋酸钯/三乙胺为催化体系，甲苯为溶剂，加热条件下进行此反应的底物拓展研究。

表 5-1 反应条件筛选结果[①]

$$\text{PhNHNHTs} + \diagup\!\!\!\diagdown^{\text{COO}t\text{-Bu}} \xrightarrow{\text{反应条件}} \text{Ph}\diagup\!\!\!\diagdown^{\text{COO}t\text{-Bu}}$$

列	催化剂/碱	溶剂	温度/℃	产率[②]/%
1	Pd(OAc)$_2$/Et$_3$N	MeOH	室温	—
2	Pd(OAc)$_2$/Et$_3$N	PhMe	室温	72
3	Pd(OAc)$_2$/Et$_3$N	THF	室温	9
4	Pd(OAc)$_2$/Et$_3$N	DCM	室温	71
5	Pd(OAc)$_2$/Et$_3$N	PhMe	50	85
6	Pd(OAc)$_2$/K$_2$CO$_3$	PhMe	50	60
7	PdCl$_2$/Et$_3$N	PhMe	50	74
8	Pd(Ph$_3$P)$_4$/Et$_3$N	PhMe	50	52
9[③]	Pd(OAc)$_2$/Et$_3$N	PhMe	50	70

① 反应条件：磺酰肼（0.24mmol），丙烯酸叔丁酯（0.2mmol），钯催化剂（摩尔分数 5%），碱（2.0 当量），溶剂（2mL），2~12h。
② 分离产率。
③ 钯催化剂（摩尔分数 2%）。

接下来，我们对 N'-对甲苯磺酰芳基肼与丙烯酸酯的交叉偶联反应进行了底物拓展（见表 5-2）。一系列 N'-对甲苯磺酰芳基肼都能与丙烯酸酯顺利进行 Heck 交叉偶联反应。当芳基肼的芳环上为给电子基团时，无论其处于邻位、间位和对位，底物均能高效地参与反应（第 2~6 列）。当芳环对位为甲氧基时，底物活性很高，常温下就能实现该反应，并且产率可达 90%（第 5 列）。当底物为芳环邻位甲基或者甲氧基取代时，由于取代基的空间位阻影响，反应需要更高的温度（第 4 和 6 列）。而当芳环上为吸电子基如氯、溴和三氟甲氧基取代时，反应能在稍高的温度下顺利进行（第 6~9 和 11 列）。特别是当芳环上含溴原子时，反应可以选择性地发生在磺酰基处，而溴原子得到保留（第 9 列）。这也进一步说明，N'-对甲苯磺酰芳基肼作为一类高效的偶联试剂，磺酰肼的离去性比普通的溴原子要高。此外，我们还尝试了丙烯酸乙酯与 N'-对甲苯磺酰芳基肼的 Heck 偶联反应，分别得到产物 **5.1j**（81% 产率）和 **5.1k**（68% 产率）（第 10 和 11 列）。

表 5-2 Heck 偶联反应底物拓展结果[①]

$$\text{ArNHNHTs} + \overset{\text{COOR}}{\diagup} \xrightarrow[\text{PhMe}]{\text{Pd(OAc)}_2/\text{Et}_3\text{N}} \overset{\text{COOR}}{\text{Ar}\diagup}$$

列	温度/℃	产物	产率[②]/%
1	50	Ph—CH=CH—COOt-Bu (**5.1a**)	85
2	50	4-Me-C₆H₄—CH=CH—COOt-Bu (**5.1b**)	84
3	80	3-Me-C₆H₄—CH=CH—COOt-Bu (**5.1c**)	82
4	80	2-Me-C₆H₄—CH=CH—COOt-Bu (**5.1d**)	90

续表 5-2

列	温度/℃	产物	产率[②]/%
5	常温	4-MeO-C₆H₄-CH=CH-COOt-Bu (**5.1e**)	90
6	80	2-MeO-C₆H₄-CH=CH-COOt-Bu (**5.1f**)	78
7	80	4-Cl-C₆H₄-CH=CH-COOt-Bu (**5.1g**)	80
8	80	3-Cl-C₆H₄-CH=CH-COOt-Bu (**5.1h**)	84
9	80	4-Br-C₆H₄-CH=CH-COOt-Bu (**5.1i**)	79
10	50	C₆H₅-CH=CH-COOEt (**5.1j**)	81
11	80	4-F₃CO-C₆H₄-CH=CH-COOEt (**5.1k**)	68

① 反应条件：ArNHNHTs(0.24mmol)，丙烯酸酯（0.2mmol），Pd(OAc)₂（摩尔分数 5%），Et₃N(2.0 当量)，PhMe(2mL)，2~8h。
② 分离产率。

我们还考察了 N'-对甲苯磺酰芳基肼与苯乙烯的交叉偶联反应（见表 5-3）。当芳基肼的芳基是对甲苯基时，可以顺利得到产率为 72% 的交叉偶联产物 **5.1T**。但是当芳基肼的芳基是苯基时，得到的是 1,2-二苯基乙烯和 **5.1T** 的混合物，这里 **5.1T** 的生成可能是因为底物本身含有的对甲苯磺酰基参与了 Heck 偶联反应，而此类反应也确有见相关文献报道[3]。之后，我们考察了芳环上分别有氯代和溴代的 N'-对甲苯磺酰芳基肼与苯乙烯的反应，发现只能得到 **5.1T**，而未得到预期的交叉

偶联产物 **5.1**。这些实验说明磺酰芳基肼芳环上为吸电子基团时,其反应活性不如对甲苯磺酰基,所以得到对甲苯磺酰基脱去 SO_2 后的交叉偶联反应产物。本实验室正围绕此类对甲苯磺酰基参与的交叉偶联反应开展进一步的研究。

表 5-3 N'-对甲苯磺酰芳基肼与苯乙烯的交叉偶联反应①

列	R	产物	产率
1	Me	(5.1T)	单一产物,72%
2	H	(5.1T 混合物)	混合物,65%
3	Cl	(5.1T)	单一产物,55%
4	Br	(5.1T)	单一产物,53%

① 反应条件:ArNHNHTs(0.24mmol),苯乙烯(0.2mmol),Pd(OAc)$_2$(摩尔分数5%),Et$_3$N(2.0当量),PhMe(2mL),12h。

基于上述结果我们也提出了这一类 Heck 偶联的可能反应机理[1](见图 5-3)。N'-对甲苯磺酰芳基肼在二价钯氧化下,生成二氮烯,从而原位解离成芳基重氮物。与此同时,生成的磺酰基负离子,可作为氧化剂,氧化原料,继续生成二氮烯。重氮化合物在钯催化下发生氧化加成得到钯络合物。再与烯烃形成 π 络合物中间体,继而发生顺式加成反应,得到中间体。再通过 β-H 消除得到相应的偶联产物,同时钯催化剂也得到再生。

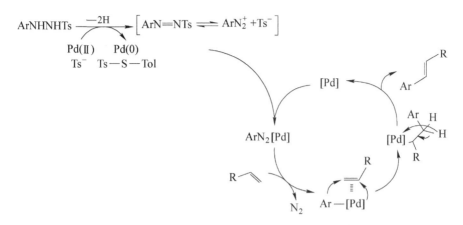

图 5-3　Heck 偶联反应机理

5.3.2　N'-对甲苯磺酰芳基肼与炔烃的 Sonogashira 偶联反应

考察了 N'-对甲苯磺酰芳基肼与烯烃的 Heck 偶联反应之后，我们还对其与端炔烃的交叉偶联反应进行了研究。起初，我们选择了 N'-对甲苯磺酰苯肼 **3.1a** 与苯乙炔作为模板底物进行条件筛选，其结果列于表 5-4。首先，反应在醋酸钯和三乙胺体系催化下时，在甲苯、甲醇、四氢呋喃和二氯甲烷四种溶剂中均未得到预期的交叉偶联产物，只能检测到炔的自身偶联产物（第 1~4 列）。当把有机碱换成无机碱碳酸钾时，我们能观察到交叉偶联产物 **5.2a** 的生成，产率为 66%（第 5 列）。溶剂对该反应的影响较大，例如二氯甲烷为溶剂时，反应基本无法发生（第 6 列）。以碳酸铯为碱时，反应产率稍有下降（第 8 列）。往该体系中添加碘化亚铜，产率并未得到提高（第 9 列）。提高反应温度和钯催化剂的用量均未得到更好的结果（第 10 和 11 列）。

表 5-4　Sonogashira 偶联反应条件筛选结果[①]

PhNHNHTs + ≡—Ph $\xrightarrow{\text{反应条件}}$ Ph—≡—Ph
　　(3.1a)　　　　　　　　　　　(5.2a)

列	催化剂/碱	溶剂	产率[②]/%
1	Pd(OAc)$_2$/Et$_3$N	PhMe	0
2	Pd(OAc)$_2$/Et$_3$N	MeOH	0
3	Pd(OAc)$_2$/Et$_3$N	THF	0
4	Pd(OAc)$_2$/Et$_3$N	DCM	0
5	Pd(OAc)$_2$/K$_2$CO$_3$	MeOH	66
6	Pd(OAc)$_2$/K$_2$CO$_3$	DCM	—
7	Pd(OAc)$_2$/K$_2$CO$_3$	MeCN	44

续表 5-4

列	催化剂/碱	溶剂	产率[②]/%
8	Pd(OAc)$_2$/Cs$_2$CO$_3$	MeOH	50
9[③]	Pd(OAc)$_2$/CuI/K$_2$CO$_3$	MeOH	61
10[④]	Pd(OAc)$_2$/K$_2$CO$_3$	MeOH	60
11[⑤]	Pd(OAc)$_2$/K$_2$CO$_3$	MeOH	65

①反应条件：**3.1a**(0.24mmol)，苯乙炔（0.2mmol），醋酸钯（摩尔分数5%），碱（2.0当量），溶剂（2mL），2~12h。
②分离产率。
③碘化亚铜（摩尔分数10%）。
④60℃。
⑤醋酸钯（摩尔分数10%）。

在优化了反应条件后，我们对反应进行了底物拓展（见表 5-5）。各种 N'-对甲苯磺酰芳基肼均能与苯乙炔顺利发生交叉偶联反应，产率中等至优秀。芳基肼芳环上为甲基和甲氧基取代时，产率最高可达 73%。也能以 70% 以上的收率（**5.2e，f，g**）。底物含三氟甲氧基时，产率可以达到 60%。N'-对甲苯磺酰芳基肼芳环上含强吸电子基团硝基时，也能参与 Sonogashira 交叉偶联反应，其相应产物 **5.2i** 收率为 63%。由于时间关系，我们未来得及考察其他炔烃对反应的影响。

表 5-5　Sonogashira 偶联底物拓展[①]

$$\text{ArNHNHTs} + \equiv\!\!-\text{Ph} \xrightarrow[\text{MeOH}]{\substack{\text{Pd(OAc)}_2(\text{摩尔分数5\%}) \\ \text{K}_2\text{CO}_3(\text{摩尔分数200\%})}} \text{Ar}\!\!-\!\!\equiv\!\!-\text{Ph}$$

(3.1) （5.2）

(5.2a), 66%	(5.2b), 64%	(5.2c), 73%
(5.2d), 68%	(5.2e), 72%	(5.2f), 75%
(5.2g), 70%	(5.2h), 60%	(5.2i), 63%

①反应条件：**3.1a**(0.24mmol)，苯乙炔（0.2mmol），醋酸钯（摩尔分数5%），碳酸钾（2.0当量），甲醇（2mL），常温下 2~12h。

对于该类新的 Sonogashira 偶联反应，我们同样给出了可能的反应机理[1]（见图 5-4）。与之前 Heck 反应不同在于，生成钯络合物后，与炔烃在碱的作用下发生氧化加成反应得到芳基炔基钯中间体。最后发生还原消除反应得到 Sonogashira 偶联产物，伴随催化剂钯再生。

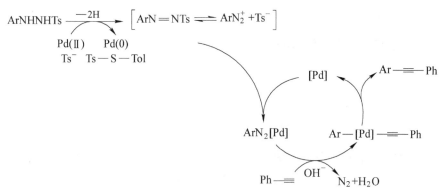

图 5-4　Sonogashira 偶联反应可能机理

5.4　Heck 和 Sonogashira 偶联反应小结

本章分别讨论了 N'-对甲苯磺酰芳基肼与烯烃的 Heck 偶联反应，以及与炔烃的 Sonogashira 偶联反应。N'-对甲苯磺酰芳基肼作为一类新颖和高效的偶联试剂，能够成功应用于以上两类重要的交叉偶联反应，其对甲苯磺酰基团也能在适当条件下参与到 Heck 偶联反应中。此类 N'-对甲苯磺酰芳基肼参与的反应范围仍需进一步拓展。

5.5　相关产物数据表征

肉桂酸叔丁酯（5.1a）

黄色油状物；^{1}H NMR(400MHz, CDCl$_3$)：δ 7.59(d, J=16.0Hz, 1H)，7.51(dd, J=6.7, 2.8Hz, 2H)，7.37~7.36(m, 3H)，6.37(d, J=16.0Hz, 1H)，1.54(s, 9H)。

(E)-3-对甲苯基丙烯酸叔丁酯（5.1b）

黄色油状物；^{1}H NMR(400MHz，CDCl$_3$)：δ 7.56(d，J=16.0Hz，1H)，7.40(d，J=8.0Hz，2H)，7.17(d，J=7.9Hz，2H)，6.32(d，J=16.0Hz，1H)，2.36(s，3H)，1.53(s，9H)。

(E)-3-(4-甲氧基苯基)丙烯酸叔丁酯 (5.1c)

黄色油状物；^{1}H NMR(400MHz，CDCl$_3$)：δ 7.54(d，J=15.9Hz，1H)，7.46(d，J=7.8Hz，2H)，6.89(d，J=7.8Hz，2H)，6.24(d，J=15.9Hz，1H)，3.83(s，3H)，1.53(s，9H)。

(E)-3-间甲苯基丙烯酸叔丁酯 (5.1d)

黄色油状物；^{1}H NMR(400MHz，CDCl$_3$)：δ 7.56(d，J=16.0Hz，1H)，7.31(d，J=7.9Hz，2H)，7.25(d，J=8.6Hz，1H)，7.17(d，J=7.2Hz，1H)，6.35(d，J=16.0Hz，1H)，2.36(s，3H)，1.53(s，9H)。

(E)-3-邻甲苯基丙烯酸叔丁酯 (5.1e)

黄色油状物；^{1}H NMR(400MHz，CDCl$_3$)：δ 7.89(d，J=15.9Hz，1H)，7.55~7.53(m，1H)，7.24(dd，J=8.5，1.1Hz，1H)，7.18(dd，J=11.5，5.9Hz，2H)，6.29(d，J=15.9Hz，1H)，2.43(s，3H)，1.54(s，9H)。

(E)-3-(2-甲氧基苯基)丙烯酸叔丁酯 (5.1f)

黄色油状物；^{1}H NMR(400MHz，CDCl$_3$)：δ 7.91(d，J=16.2Hz，1H)，7.49(d，J=7.6Hz，1H)，7.32(t，J=7.8Hz，1H)，6.93(dd，J=20.0，7.9Hz，2H)，6.44(d，J=16.1Hz，1H)，3.88(s，3H)，1.53(s，9H)。

(E)-3-(4-氯苯基)丙烯酸叔丁酯 (5.1g)

黄色油状物; ^{1}H NMR(400MHz, CDCl$_3$): δ 7.56(d, J=16.0Hz, 1H), 7.31(d, J=7.9Hz, 2H), 7.25(d, J=8.6Hz, 1H), 7.17(d, J=7.2Hz, 1H), 6.35(d, J=16.0Hz, 1H), 2.36(s, 3H), 1.53(s, 9H)。

(E)-3-(3-氯苯基)丙烯酸叔丁酯 (5.1h)

黄色油状物; ^{1}H NMR(400MHz, CDCl$_3$): δ 7.51(d, J=15.6Hz, 2H), 7.37(d, J=7.0Hz, 1H), 7.35~7.28(m, 2H), 6.36(d, J=16.0Hz, 1H), 1.53(s, 9H)。

(E)-3-(4-溴苯基)丙烯酸叔丁酯 (5.1i)

黄色油状物; ^{1}H NMR(400MHz, CDCl$_3$): δ 7.52(d, J=7.7Hz, 1H), 7.49(s, 2H), 7.36(d, J=8.5Hz, 2H), 6.35(d, J=16.0Hz, 1H), 1.53(s, 9H)。

肉桂酸乙酯 (5.1j)

无色油状物; ^{1}H NMR(400MHz, CDCl$_3$): δ 7.69(d, J=16.0Hz, 1H), 7.53~7.51(m, 2H), 7.39~7.37(m, 3H), 6.44(d, J=16.0Hz, 1H), 4.27(q, J=7.1Hz, 2H), 1.34(t, J=7.1Hz, 3H)。

(E)-3-(4-三氟甲氧基苯基)丙烯酸叔乙酯 (5.1k)

无色油状物;^{1}H NMR(400MHz, CDCl$_3$):δ 7.65(d, J=16.0Hz, 1H),7.55(d, J=7.5Hz, 2H),7.23(d, J=8.1Hz, 2H),6.40(d, J=16.1Hz, 1H),4.27(q, J=6.7Hz, 2H),1.34(t, J=7.0Hz, 3H)。

(E)-1-甲基-4-苯乙烯基苯 (5.1T)

白色固体;熔点:117~119℃;^{1}H NMR(400MHz, CDCl$_3$):δ 7.50(d, J=7.5Hz, 2H),7.41(d, J=8.1Hz, 2H),7.35(t, J=7.5Hz, 2H),7.24(s, 1H),7.17(d, J=7.9Hz, 2H),7.07(d, J=2.3Hz, 2H),2.36(s, 3H)。

1,2-二苯乙炔 (5.2a)

白色固体;熔点:60~61℃;^{1}H NMR(400MHz, CDCl$_3$):δ 7.55~7.52(m, 4H),7.35~7.33(m, 6H);^{13}C NMR(101MHz, CDCl$_3$):δ 131.60, 128.34, 128.24, 123.28, 89.36。

1-甲基-4-(苯乙炔)苯(5.2b)

白色固体;熔点:70~72℃;^{1}H NMR(400MHz, CDCl$_3$):δ 7.52(dd, J=7.4, 2.0Hz, 2H),7.43(d, J=8.0Hz, 2H),7.34~7.33(m, 3H),7.15(d, J=7.9Hz, 2H),2.37(s, 3H)。

1-甲基-3-(苯乙炔)苯(5.2c)

无色油状物;^{1}H NMR(400MHz, CDCl$_3$):δ 7.53(dd, J=4.9, 2.2Hz, 2H),7.36~7.33(m, 5H),7.26~7.22(m, 1H),7.15(d, J=7.1Hz, 1H),2.36(s, 3H)。

1-甲氧基-4-(苯乙炔)苯 (5.2d)

白色固体；熔点：59~60℃；^{1}H NMR(400MHz, CDCl$_3$)：δ 7.52~7.48(m, 4H)，7.33(s, 3H)，6.89(d, J=8.0Hz, 2H)，3.84(s, 3H)。

4-氯-1-(苯乙炔)苯 (5.2e)

白色固体；熔点：82~83℃；^{1}H NMR(400MHz, CDCl$_3$)：δ 7.52(d, J=3.3Hz, 2H)，7.45(d, J=8.3Hz, 2H)，7.33(dd, J=8.1, 5.5Hz, 5H)；^{13}C NMR(101MHz, CDCl$_3$)：δ 134.26，132.80，131.60，128.69，128.47，128.39，122.94，121.80，90.31，88.23，77.32，77.01，76.69。

3-氯-1-(苯乙炔)苯 (5.2f)

无色油状物；^{1}H NMR(400MHz, CDCl$_3$)：δ 7.53(s, 3H)，7.41(d, J=7.2Hz, 1H)，7.35(s, 3H)，7.29(d, J=10.0Hz, 2H)。

4-溴-1-(苯乙炔)苯 (5.2g)

白色固体；熔点：84~86℃；^{1}H NMR(400MHz, CDCl$_3$)：δ 7.53~7.47(m, 4H)，7.40~7.35(m, 5H)。

4-(苯乙炔)-1-(三氟甲氧基)苯 (5.2h)

白色固体；熔点：68~70℃；^{1}H NMR(400MHz, CDCl$_3$)：δ 7.54(t, J=7.9Hz, 4H)，7.35(s, 3H)，7.20(d, J=8.1Hz, 2H)；^{13}C NMR(101MHz, CDCl$_3$)：δ 133.08，131.63，130.25，128.78，128.55，128.40，122.85，122.10，120.87，90.18，87.89，77.32，77.00，76.69。

4-硝基-1-(苯乙炔)苯(5.2i)

黄色固体;熔点:118~120℃;^{1}H NMR(400MHz, CDCl$_3$):δ 8.22(d, J = 8.9Hz, 2H), 7.67(d, J = 8.9Hz, 2H), 7.58~7.55(m, 2H), 7.39(dd, J = 5.1, 1.9Hz, 3H)。

参 考 文 献

[1] Fabrizi G, Goggiamani A, Sferrazza A, et al. Sonogashira cross-coupling of arenediazonium salts[J]. Angewandte Chemie, 2010, 49(24): 4067~4070.

[2] Zhu M, Zhao J, Loh T, et al. Palladium-catalyzed C-C bond formation of arylhydrazines with olefinsvia carbon-nitrogen bond cleavage[J]. Organic Letters, 2011, 13(23): 6308~6311.

[3] Wang G, Miao T. Palladium-catalyzed desulfitative heck-type reaction of aryl sulfinic acids with alkenes[J]. Chemistry: A European Journal, 2011, 17(21): 5787~5790.

6 铜催化 N'-磺酰芳基肼的芳基化反应研究

6.1 多取代肼的合成简介

多取代肼是一类极为常见和重要的有机片段，广泛存在于天然产物、药物分子和材料分子中[1]。由于肼含有两个氮原子，如何实现其两个氮原子的选择性官能团化，是构建种类多样的肼化合物的关键。其中，磺酰肼类化合物的多取代衍生，如 N'位的二芳基取代，通常可由 N'-芳基苯磺酰肼与其他金属芳基化试剂，发生 C-N 偶联制得[2~10]。由于金属偶联试剂制备相对较难，反应条件苛刻，拓展新的二芳基取代磺酰肼合成方法是非常值得研究的。

近年来，本课题组开发了一类新型芳基化试剂——N'-芳基苯磺酰肼，可参与多种过渡金属催化的偶联反应[11~13]。例如，N'-芳基苯磺酰肼可分别与芳基硼酸发生 Suzuki 偶联反应[11,12]，以及与烯烃发生 Heck 偶联反应[13]。此外，我们还发现 N'-芳基苯磺酰肼可在碱性条件下与2-萘酚反应，在2-萘酚的1号位引入芳香偶氮基，制得苏丹红类产物[14]。鉴于 N'-芳基苯磺酰肼可作为一类高效的芳基化偶联试剂，我们设想利用 N'-芳基苯磺酰肼产生芳基片段，继而被尚未分解的原料 N'-芳基苯磺酰肼中的氮原子（N'）捕获，从而实现 N'，N'-二芳基取代苯磺酰肼的高效合成（见图6-1）。

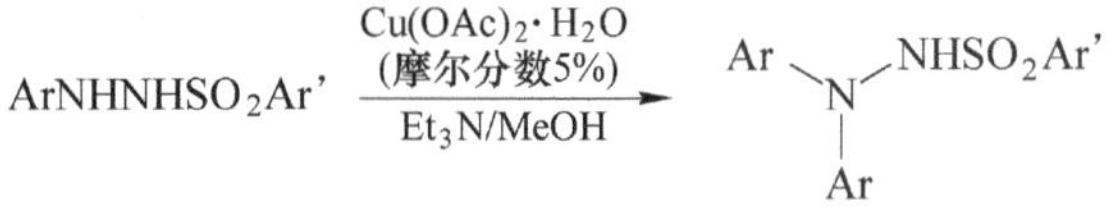

$$ArNHNHSO_2Ar' \xrightarrow[\text{Et}_3\text{N/MeOH}]{\text{Cu(OAc)}_2 \cdot \text{H}_2\text{O} \atop (\text{摩尔分数}5\%)} \underset{Ar}{Ar}\!\!\diagdown\!\!\underset{}{N}\!\!\diagup\!\!NHSO_2Ar'$$

图 6-1 反应示例

6.2 N'-磺酰芳基肼的芳基化反应实验部分

依次将 N'-芳基苯磺酰肼 1（0.3mmol）、Cu(OAc)$_2$·H$_2$O 3.0mg（0.015mmol）和三乙胺 30.4mg（0.3mmol）加入盛有 2mL 甲醇的圆底烧瓶中，常温下搅拌 4~8h。薄层色谱法监测反应。反应结束后，往反应体系中加入 10mL 水，再用二氯甲烷萃取（10mL×3），合并有机相。再往有机相中加入无水硫酸钠干燥，减压蒸馏除去溶剂，最后经柱层析分离得纯品 **6.2**。

6.3　N’-磺酰芳基肼的芳基化反应研究

基于 N’-芳基苯磺酰肼在碱性条件下可产生芳基，研究发现应用醋酸铜可高效地催化 N’-芳基苯磺酰肼的 N’-芳基化。经过条件筛选，发现在摩尔分数为 5% 的醋酸铜催化下，三乙胺作为碱，N’-苯基对甲基苯磺酰肼在室温下即可自身反应，生成 4-甲基-N’，N’-二苯基苯磺酰肼 **6.2a**，产率可达 88%。

在上述条件下，我们考查了一系列 N’-芳基苯磺酰肼的反应（见图 6-2）。

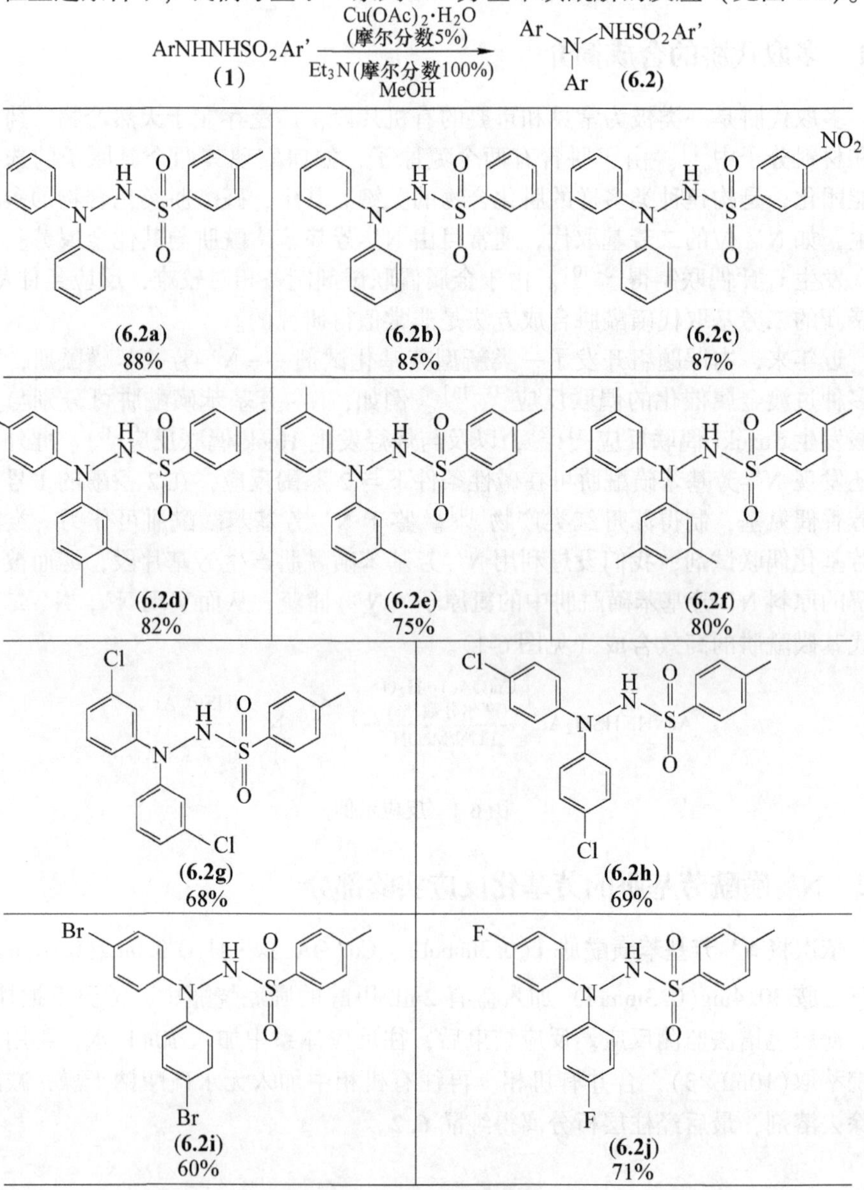
ArNHNHSO2Ar’
(1)
Cu(OAc)2·H2O
(摩尔分数5%)
Et3N(摩尔分数100%)
MeOH
Ar
N
NHSO2Ar’
Ar
(6.2)
(6.2a)
88%
(6.2b)
85%
(6.2c)
87%
(6.2d)
82%
(6.2e)
75%
(6.2f)
80%
(6.2g)
68%
(6.2h)
69%
(6.2i)
60%
(6.2j)
71%

图 6-2　反应产物拓展

N 取代位，除了对甲基苯磺酰肼能参与反应，苯磺酰肼也能顺利发生反应，得到产物 **6.2b**，产率 85%；并且，强吸电子的硝基也可以兼容，得到预期产物 **6.2c**，产率高达 87%。紧接着，我们对 N'-芳基进行了考察，发现甲基取代在对位和间位，以及 3,5-二甲基取代苯基，均能高产率地得到目标产物（**6.2d~6.2f**）。除了给电子取代基，吸电子的卤素原子取代时，反应同样可以发生。氯、溴，以及氟取代产物（**6.2g~6.2k**）的产率均超过 60%。卤素原子的引入，有助于产物进行后续交叉偶联衍生化反应。对于 **6.1a** 参与的模板反应，在氮气氛围下，产物 **6.2a** 的收率仅为 23%。鉴于此，我们认为空气中的氧气，在反应中起到重要作用。

根据上述反应结果，以及已有的文献[11~17]，我们提出该反应可能经历的途径，如图 6-3 所示。在碱性条件下，原料与醋酸铜发生阴离子交换，生成铜中间体。与此同时，在碱和空气中的氧气作用下，生成重氮中间体，继而均裂并脱去一分子氮气得到芳基自由基。芳基自由基与铜中间体反应得到目标产物和一价铜，一价铜被氧气氧化生成二价铜，从而实现铜催化剂循环。

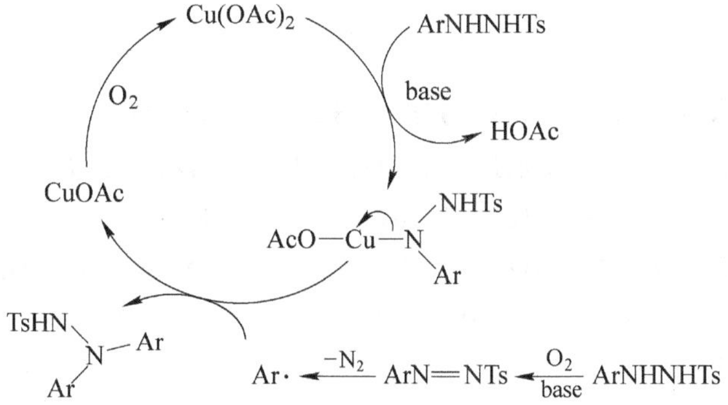

图 6-3 反应机理

6.4 N'-磺酰芳基肼的芳基化反应结论

在室温下，以 N'-芳基苯磺酰肼为原料，甲醇为溶剂，三乙胺为碱，醋酸铜催化下高效地合成了一系列 N', N'-二芳基苯磺酰肼。该方法操作简便，产率较高，为简单、高效地合成多取代磺酰肼衍生物提供了新的方法选择。

6.5 相关产物数据表征

4-甲基-N', N'-二苯基苯磺酰肼（6.2a）

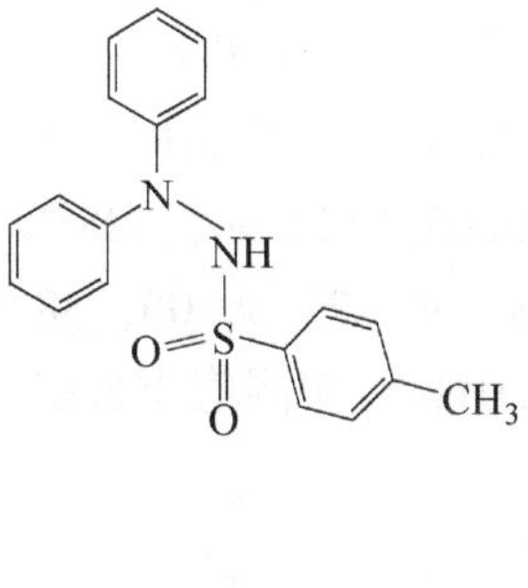

白色固体 44.7mg, 熔点: 140~141℃, 产率 88%; ^{1}H NMR (400MHz, CDCl$_3$): δ 7.63(d, J = 7.2Hz, 2H), 7.15(t, J = 7.2Hz, 4H), 7.08(d, J = 7.6Hz, 2H), 6.98(dd, J = 15.2Hz, 7.7Hz, 6H), 2.33(s, 3H); ^{13}C NMR (100MHz, CDCl$_3$): δ 146.88, 143.95, 135.59, 129.32, 128.99, 128.27, 123.85, 120.75, 21.49。

N', N'-二苯基苯磺酰肼 (6.2b)

白色固体 41.4mg, 熔点: 155~156℃, 产率 85%; ^{1}H NMR (400MHz, CDCl$_3$): δ 7.75(dd, J = 8.4Hz, 1.2Hz, 2H), 7.44(dd, J = 10.8Hz, 4.4Hz, 1H), 7.30(t, J = 7.8Hz, 2H), 7.16(dd, J = 10.8Hz, 5.2Hz, 4H), 7.07(s, 1H), 6.98(dd, J = 10.6Hz, 4.2Hz, 5H); ^{13}C NMR (100MHz, CDCl$_3$): δ 146.78, 138.65, 133.00, 129.04, 128.73, 128.20, 123.98, 120.73; HRMS (ESI) m/z: 理论值 C$_{18}$H$_{16}$N$_2$O$_2$S [M-H]$^-$ 323.0860, 实测值 323.0834。

4-硝基-N', N'-二苯基苯磺酰肼 (6.2c)

黄色固体 48.2mg, 熔点: 155~156℃, 产率 87%; ^{1}H NMR(400MHz, DMSO-d$_6$): δ 10.98(s, 1H), 8.15(d, J = 8.0Hz, 2H), 7.84(d, J = 8.0Hz, 2H), 7.17(t, J = 7.4Hz, 4H), 6.95(d, J = 7.8Hz, 6H); ^{13}C NMR(100MHz, DMSO-d$_6$): δ 149.37, 146.03, 145.05, 128.96, 128.84, 123.99, 123.35, 120.28, 40.10, 39.89, 39.69, 39.48, 39.27, 39.06, 38.85; HRMS(ESI) m/z: 理论值 C$_{18}$H$_{15}$N$_3$O$_4$S [M-H]$^-$ 368.0711, 实测值 368.0700。

4-甲基-N',N'-二对甲苯基苯磺酰肼 (6.2d)

黄色固体 45.1mg,熔点:159~160℃,产率 82%;^{1}H NMR(400MHz,CDCl$_3$):δ 7.65(d, J = 7.6Hz, 2H), 7.11(s, 2H), 6.94(s, 4H), 6.78(d, J = 14.0Hz, 5H), 2.36(s, 3H), 2.25(s, 6H);^{13}C NMR(100MHz, CDCl$_3$):δ 145.02, 143.85, 135.71, 133.38, 129.50, 129.28, 128.33, 120.73, 21.48, 20.64;HRMS(ESI) m/z:理论值 C$_{21}$H$_{22}$N$_2$O$_2$S [M-H]$^-$ 365.1329,实测值 365.1201。

4-甲基-N',N'-二间甲苯基苯磺酰肼 (6.2e)

白色固体 41.2mg,熔点:107~108℃,产率 75%;^{1}H NMR(400MHz,CDCl$_3$):δ 7.63(d, J = 8.0Hz, 2H), 7.11(d, J = 8.0Hz, 2H), 7.04(t, J = 7.8Hz, 2H), 6.93(s, 1H), 6.79(d, J = 7.4Hz, 2H), 6.74(d, J = 8.0Hz, 2H), 6.69(s, 2H), 2.35(s, 3H), 2.18(s, 6H);^{13}C NMR(100MHz, CDCl$_3$):δ 147.01, 143.82, 138.84, 135.75, 129.23, 128.79, 128.35, 124.62, 121.51, 117.90, 21.45, 21.31;HRMS(ESI) m/z:理论值 C$_{21}$H$_{22}$N$_2$O$_2$S [M-H]$^-$ 365.1329,实测值 365.1337。

4-甲基-N',N'-二(3,5-二甲苯基)苯磺酰肼 (6.2f)

白色固体 47.3mg, 熔点: 147~148℃, 产率 80%; ^{1}H NMR(400MHz, CDCl$_3$): δ 7.65(d, J=7.8Hz, 2H), 7.14(d, J=7.6Hz, 2H), 6.67(s, 1H), 6.63(s, 1H), 6.49(s, 4H), 2.37(s, 3H), 2.15(s, 12H); ^{13}C NMR(100MHz, CDCl$_3$): δ 147.38, 143.86, 138.78, 135.90, 129.33, 128.61, 125.76, 118.83, 29.85, 21.46; HRMS(ESI) m/z: 理论值 C$_{23}$H$_{26}$N$_2$O$_2$S [M-H]$^-$ 393.1642, 实测值 393.1663。

4-甲基-N',N'-二间氯苯基苯磺酰肼 (6.2g)

白色固体 41.5mg, 熔点: 163~164℃, 产率 68%; ^{1}H NMR(400MHz, CDCl$_3$): δ 7.61(d, J=8.0Hz, 2H), 7.17~7.05(m, 5H), 6.97(d, J=0.8Hz, 1H), 6.90(dd, J=8.0Hz, 2.0Hz, 2H), 6.85(s, 2H), 2.37(s, 3H); ^{13}C NMR(100MHz, CDCl$_3$): δ 147.17, 144.67, 135.16, 134.82, 130.17, 129.57, 128.17, 124.32, 121.01, 118.87, 21.52; HRMS(ESI) m/z: 理论值 C$_{19}$H$_{16}$N$_2$O$_2$SCl$_2$ [M-H]$^-$ 365.1329, 实测值 365.1337。

4-甲基-N',N'-二对氯苯基苯磺酰肼 (6.2h)

白色固体 42.1mg, 熔点: 159~160℃, 产率 69%; ^{1}H NMR(400MHz, CDCl$_3$): δ 7.59(d, J=8.4Hz, 2H), 7.14~7.09(m, 6H), 6.90~6.87(m, 4H), 2.38(s, 3H); ^{13}C NMR(100MHz, CDCl$_3$): δ 144.92, 144.51, 135.38, 129.50, 129.39, 129.12, 128.16, 121.99, 21.51; HRMS(ESI) m/z: 理论值 C$_{19}$H$_{16}$C$_{12}$N$_2$O$_2$S [M-H]$^-$ 405.0237, 实测值 405.0251。

4-甲基-N',N'-二对溴苯基苯磺酰肼 (6.2i)

黄色固体 44.7mg, 熔点: 169~170℃, 产率 60%; ^{1}H NMR (400MHz, CDCl$_3$): δ 7.57(d, J=8.2Hz, 2H), 7.26~7.24(m, 4H), 7.12(d, J=8.2Hz, 2H), 6.84(d, J=8.6Hz, 4H), 2.39(s, 3H); ^{13}C NMR(100MHz, CDCl$_3$): δ 145.23, 144.54, 135.39, 132.06, 129.51, 128.13, 122.34, 116.97, 21.54; HRMS(ESI) m/z: 理论值 C$_{19}$H$_{16}$Br$_2$N$_2$O$_2$S [M-H]$^-$ 494.3983, 实测值 494.3953。

4-甲基-N',N'-二对氟苯基苯磺酰肼 (6.2j)

白色固体 39.9mg, 熔点: 152~153℃, 产率 71%; ^{1}H NMR (400MHz, CDCl$_3$): δ 7.64(d, J=8.0Hz, 2H), 7.15(d, J=8.0Hz, 2H), 6.87(t, J=6.4Hz, 8H), 2.37(s, 3H); ^{13}C NMR(100MHz, CDCl$_3$): δ 160.52, 158.26, 144.29, 143.36, 129.44, 128.26, 122.44, 115.65, 21.49; HRMS(ESI) m/z: 理论值 C$_{19}$H$_{16}$F$_2$N$_2$O$_2$S [M-H]$^-$ 373.0728, 实测值 373.0836。

参 考 文 献

[1] Ahn J H, Kim J A, Kim H M, et al. Synthesis and evaluation of pyrazolidine derivatives as dipeptidyl peptidase IV(DP-IV) inhibitors[J]. Bioorg Med Chem Lett, 2005, 15(5): 1337~1340.

[2] Al-Masoudi I A, Al-Soud Y A, Al-Salihi N J, et al. 1, 2, 4-Triazoles: synthetic approaches and pharmacological importance[J]. Chem Heterocycl Comp, 2006, 42(11): 1377~1403.

[3] Proulx C, Lubell W D. Copper-catalyzed N-arylation of semicarbazones for the synthesis of aza-

arylglycine-containing aza-peptides[J]. Org Lett, 2010, 12(13): 2916~2919.

[4] 虞友培, 段文贵, 林桂汕, 等. 新型薯酸基双酰肼化合物的合成及其生物活性[J]. 合成化学, 2019, 27(09): 689~697.

[5] 周进, 杨海东, 孙宏顺, 等. 4, 7, 10-三（叔丁氧碳酰甲基)-1, 4, 7, 10-四氮杂环十二烷-1-乙酰肼的微波合成[J]. 合成化学, 2017, 25(02): 159~162.

[6] 谭悦, 何海琴, 刘幸海, 等. 新型吡啶联吡唑双酰肼类化合物的合成及除草活性[J]. 合成化学, 2018, 26(10): 727~732.

[7] 李艳秋, 李红利. 离子液体中合成磺酰肼类化合物 [J]. 化学试剂, 2014, 36(11): 1053~1056.

[8] Zhang J, Huang G, Weng J, et al. Copper(II)-catalyzed coupling reaction: an efficient and regioselective approach to N', N'-dial acylhydrazines[J]. Org Biomol Chem, 2015, 13(7): 2055~2063.

[9] Lemal D M, Menger F, Coats E. The diazene-hydrazone rearrangement[J]. J Am Chem Soc, 1964, 86(12): 2395~2401.

[10] Carter P, Stevens T S. 339. Rearrangement of sulphonhydrazides[J]. J Chem Soc, 1961, 1961:1743~1748.

[11] Liu J B, Zhou H P, Peng Y Y. Palladium-catalyzed Suzuki cross-coupling of arylhydrazines via C-NHNH$_2$ bond activation in water[J]. Tetrahedron Lett, 2014, 55(17): 2872~2875.

[12] Liu J, Chen F, Liu E, et al. Copper-catalyzed synthesis of aryldiazo sulfones from arylhydrazines and sulfonyl chlorides under mild conditions[J]. New Journal of Chemistry, 2015, 39(10): 7773~7776.

[13] Liu J B, Chen F J, Liu N, et al. Palladium-catalyzed Heck coupling of arylhydrazines via C—NHNH$_2$ bond activation[J]. RSC Adv, 2015, 5(57): 45843~45846.

[14] 邹文, 王玉超, 刘晋彪. 基于磺酰芳基肼的偶氮类染料的合成[J]. 合成化学, 2018, 26(07): 508~511.

[15] 王建伟, 韦珊红, 赵保丽, 等. 醋酸铜促进的芳基磺酰肼自身偶联合成二芳基砜[J]. 有机化学, 2014, 34(04): 767~773.

[16] 刘晋彪, 袁斯甜, 宋熙熙, 等. 基于C-N键断裂的芳基肼的偶联反应研究进展[J]. 有机化学, 2016, 36(08): 1790~1796.

[17] Hodgson H H. The Sandmeyer reaction[J]. Chem Rev, 1947, 40(2): 251~277.

7 基于 N'-磺酰芳基肼的偶氮染料的合成

7.1 偶氮染料的合成简介

偶氮染料是偶氮基两端连接芳基的一类有机化合物,作为一类合成染料,其在印染行业中应用最广泛。目前,偶氮类染料通常是由重氮盐与活性偶联组分进行偶联制备。传统的合成方法主要借助于亚硝酸对芳香胺进行重氮化,再与酚或胺等活性偶联组分进行偶联反应[1~4]。例如苏丹红类偶氮染料,通常可由重氮盐与 2-萘酚偶联制备。这种方法虽然比较成熟,产率也适中,但是需要大量使用亚硝酸钠和盐酸(或者硫酸),后处理困难,给环境带来很大损害。并且,重氮盐的易爆性也给生产带来隐患[5]。因此,寻找一种新的重氮替代物,避免酸性条件,是非常有意义的。

近来,我们设计合成了一类新型重氮替代试剂——N'-磺酰芳基肼,可参与系列偶联反应[6~9]。例如,N'-磺酰芳基肼可与芳基硼酸发生 Suzuki 偶联反应[6~8];还可与烯烃发生 Heck 偶联反应[9]。此外,我们还发现 N'-磺酰苯肼可在碱性条件下生成磺酰基重氮苯。因此,我们设想利用 N'-磺酰芳基肼作为重氮盐替代物,合成偶氮类染料。为此,本章以 N'-对甲苯磺酰芳基肼作为重氮源,与萘酚或 N,N-二甲基苯胺在碳酸钾促进下发生偶联,温和高效地制备系列偶氮类染料(见图 7-1)。

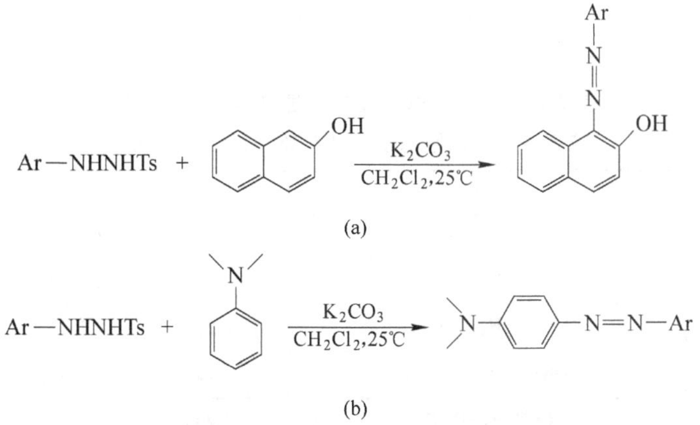

图 7-1 N'-对甲苯磺酰芳基肼制备偶氮染料

7.2 N'-磺酰芳基肼制备偶氮染料的实验部分

依次将 N'-对甲苯磺酰芳基肼 1（0.6mmol）、萘酚 2（0.5mmol）和碳酸钾（138.2mg，1.0mmol）加入盛有 3mL 二氯甲烷的圆底烧瓶中，常温下搅拌 4~8h。薄层色谱(TLC)监测反应结束后，往反应体系中加入 10mL 水，再用二氯甲烷萃取（10mL×3），合并有机相。再往有机相中加入无水硫酸钠干燥，减压蒸馏除去溶剂，最后柱层析分离得纯品偶氮产物。

7.3 基于 N'-磺酰芳基肼的偶氮染料的合成研究

基于 N'-对甲苯磺酰芳基肼在碱性条件下可产生重氮化合物，研究发现应用碳酸钾可高效地促进 N'-对甲苯磺酰芳基肼与萘酚或者苯胺发生偶联反应，制备偶氮染料。经过条件筛选，发现在 2 当量的碳酸钾促进下，二氯甲烷作为溶剂，在空气氛围中，N'-对甲苯磺酰苯肼与 2-萘酚在室温下即可反应，生成 1-苯偶氮-2-萘酚 **7.3a**，产率可达 82%（见表 7-1，第 1 列）。

在上述条件下，我们考查了一系列 N'-对甲苯磺酰芳基肼与 2-萘酚的反应。从图 7-1 可以看出，对于芳基肼，芳香环上有吸电子或者给电子基团时，反应均可较好地发生。苯环上为甲基或者甲氧基取代时，产率中等至优秀（见表 7-1，第 2~4 列）；并且邻位甲基取代时，反应也可克服位阻效应，得到偶氮产物 **7.3c**（见表 7-1，第 3 列）。苯环对位上还有氯或者溴原子时，反应亦能顺利发生，分别得到 **7.3e** 和 **7.3f**，产率均超过 80%（见表 7-1，第 5 和 6 列）。卤素原子的引入，有助于后续偶氮产物的衍生化。当苯环上含有强吸电子基团硝基时，产率相对较低，仅为 63%（见表 7-1，第 7 列）。此外，我们还考察了 N'-对甲苯磺酰芳基肼与 N,N-二甲基苯胺的反应，当苯环上无取代或对位含有氯原子时，产率可达 70% 以上（见表 7-1，第 8 和 9 列）。而将苯甲醚作为反应底物时，反应无法正常发生（见表 7-1，第 10 列）。

表 7-1 N'-对甲苯磺酰芳基肼与 2-萘酚（7.2a）或者 N,N-二甲基苯胺（7.2b）反应合成偶氮

列	7.1	7.2	7.3	产率/%
1	PhNHNHTs	(7.2a)	(7.3a)	82
2	4-Me-C_6H_4NHNHTs	(7.2a)	(7.3b)	83
3	2-Me-C_6H_4NHNHTs	(7.2a)	(7.3c)	71
4	4-MeO-C_6H_4NHNHTs	(7.2a)	(7.3d)	80
5	4-Cl-C_6H_4NHNHTs	(7.2a)	(7.3e)	85
6	4-Br-C_6H_4NHNHTs	(7.2a)	(7.3f)	81

续表 7-1

列	7.1	7.2	7.3	产率/%
7	4-NO_2-C_6H_4NHNHTs	(7.2a)	(7.3g)	63
8	PhNHNHTs	(7.2b)	(7.3h)	72
9	4-Cl-C_6H_4NHNHTs	(7.2b)	(7.3i)	74
10	PhOMe	(7.2a)	(7.3j)	—

最后，我们还对反应机理进行了研究。我们发现 N'-对甲苯磺酰苯肼可在碳酸钾促进下，得到重氮中间体二氮烯，分离产率为 28%。之后，将二氮烯与 2-萘酚在标准条件下反应，可得到预期偶氮产物 **7.3a**，产率 86%（见图 7-2）。

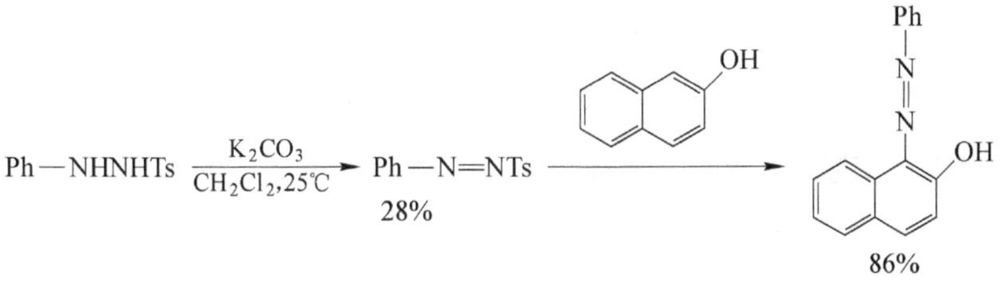

图 7-2 控制实验

根据已有的文献 [9~11] 和上述反应结果，我们提出可能的反应途径（见图 7-3）。N'-对甲苯磺酰芳基肼在碳酸钾和空气中的氧气作用下，可快速生成重氮中间体 ArN=NTs，进而与偶联组分发生偶联，得到偶氮产物。

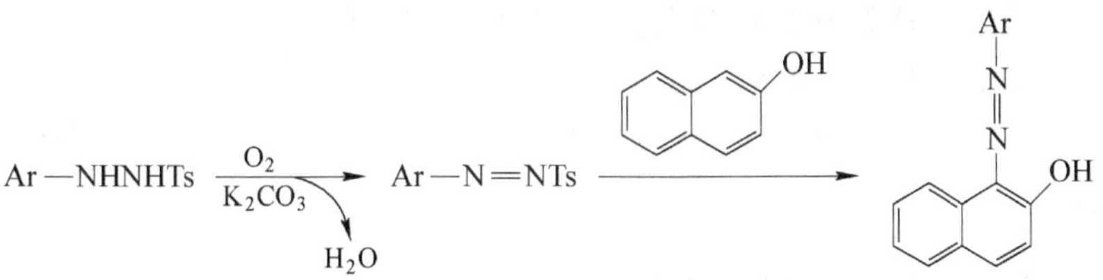

图 7-3 偶氮合成反应的可能机理

7.4 基于 N'-磺酰芳基肼的偶氮染料的合成小结

在室温下，以 N'-对甲苯磺酰芳基肼、2-萘酚及 N,N-二甲基苯胺为原料，二氯甲烷为溶剂，碳酸钾为碱，空气氛围下，以较高产率高效地合成了一系列偶氮类染料。该方法具有操作简便、安全、避免使用强酸等优点，为简单、绿色地合成偶氮类染料提供了新方法。

7.5 相关产物数据表征

1-苯偶氮基-2-萘酚 (7.3a)

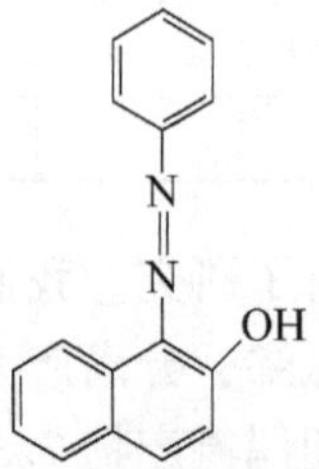

产率：82%。^{1}H NMR (400MHz, CDCl$_3$)：δ 8.54 (d, J = 8.2Hz, 1H)，7.71 (t, J = 9.1Hz, 3H)，7.61~7.51 (m, 2H)，7.47 (t, J = 7.8Hz, 2H)，7.39 (d, J = 7.5Hz, 1H)，7.30 (d, J = 7.3Hz, 1H)，6.85 (d, J = 9.4Hz, 1H)。

1-(4-甲基苯偶氮基)-2-萘酚 (7.3b)

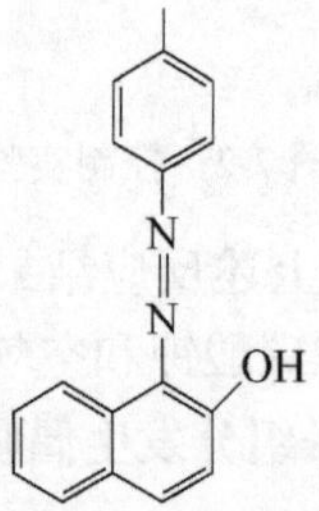

产率：83%。^{1}H NMR (400MHz, CDCl$_3$)：δ 8.40 (d, J = 8.2Hz, 1H)，7.92 (d, J = 9.2Hz, 1H)，7.81 (m, 3H)，7.66 (t, J = 8.2Hz, 1H)；7.31 (t, J = 7.2Hz, 1H)，7.20 (d, J = 8.2Hz, 2H)，6.80 (d, J = 9.2Hz, 1H)，2.28 (3H, s)。

1-(2-甲基苯偶氮基)-2-萘酚 (7.3c)

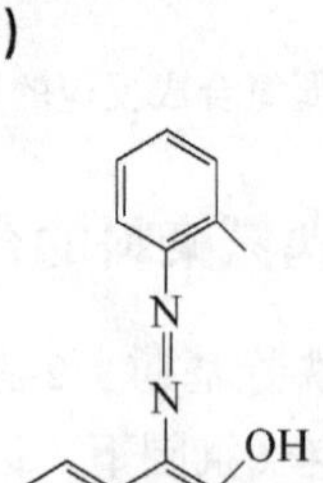

产率：71%。^{1}H NMR (400MHz, CDCl$_3$)：δ 8.20 (d, J = 8.4Hz, 1H)，8.07 (dd, J = 15.0, 3.1Hz, 1H)，7.91~7.83 (m, 1H)，7.74 (dt, J = 14.6, 3.2Hz,

1H), 7.57~7.35(m, 4H), 7.23(d, J = 15.0Hz, 1H), 7.16~7.03(m, 1H), 6.03(s, 1H), 2.34(s, 3H)。

1-(4-甲氧基苯偶氮基)-2-萘酚 (7.3d)

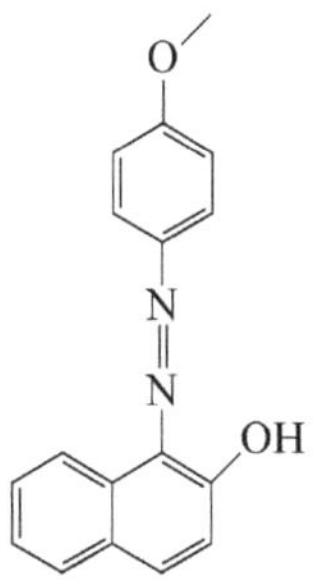

产率：80%。^{1}H NMR(400MHz, CDCl$_3$)：δ 8.66(1H, s), 7.75(d, J = 9.2Hz, 1H), 7.70(d, J = 8.0Hz, 1H), 7.65(d, J = 8Hz, 1H), 7.60(d, J = 8.4Hz, 1H), 7.40(d, J = 8.4Hz, 1H), 7.30(d, J = 8Hz, 2H), 6.92(d, J = 9.2Hz, 1H), 3.80(s, 3H)。

1-(4-氯苯偶氮基)-2-萘酚 (7.3e)

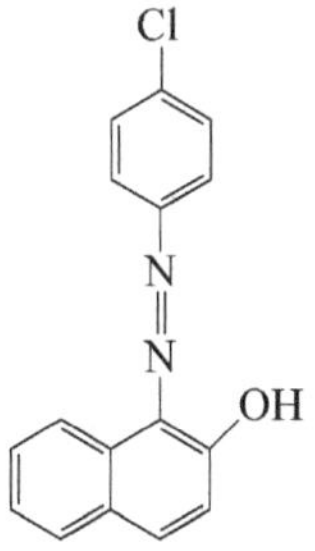

产率：85%。^{1}H NMR(400MHz, CDCl$_3$)：δ 8.54(d, J = 8.0Hz, 1H), 7.72(d, J = 9.2Hz, 1H), 7.69(t, 2H), 7.62(d, J = 8.0Hz, 1H), 7.46~7.38(m, 2H), 6.88(d, J = 8.8Hz, 1H)。

1-(4-溴苯偶氮基)-2-萘酚 (7.3f)

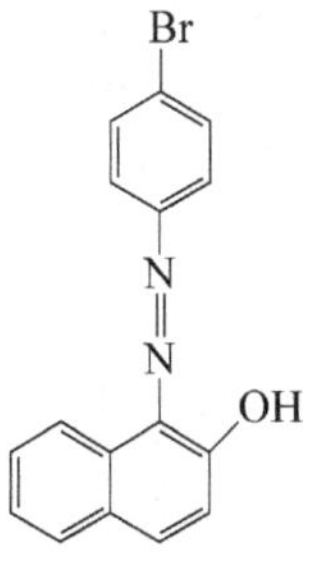

产率：81%。^{1}H NMR（400MHz，DMSO-d$_6$）：δ 8.56（d，J = 8.2Hz，1H），8.12（d，J = 8.0Hz，1H）；7.96（d，J = 9.2Hz，1H），7.80（d，J = 8.0Hz，2H），7.62（t，J = 8.2Hz，2H），7.51（d，J = 9.6Hz，1H），7.45（d，J = 9.6Hz，1H），6.96（d，J = 9.2Hz，1H）。

1-(4-硝基苯偶氮基)-2-萘酚 （7.3g）

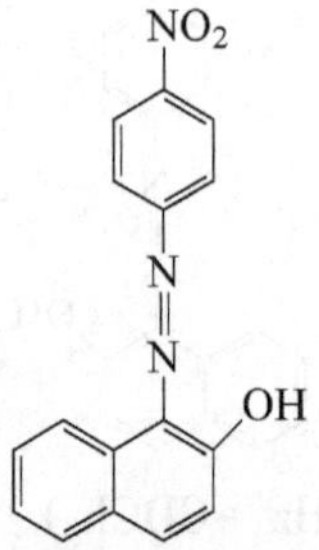

分离产率：63%。^{1}H NMR（400MHz，CDCl$_3$）：δ 8.44（s），8.50（d，J = 8.0Hz，1H），8.38（d，J = 8.8Hz，2H），8.00（d，J = 8.8Hz，2H），7.90（d，J = 8.8Hz，1H），7.72（d，J = 7.2Hz，1H），7.62（d，J = 8.0Hz，1H），7.51（d，J = 8.2Hz，1H），6.70（d，J = 8.8Hz，1H）。

4-二甲氨基偶氮苯 （7.3h）

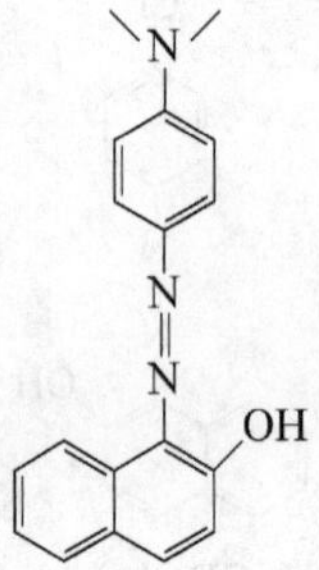

分离产率：72%。^{1}H NMR（400MHz，CDCl$_3$）：δ 8.30~8.10（m，4H），7.86~7.62（m，3H），6.98（d，J = 9.2Hz，2H），3.19（s，6H）。

4-二甲氨基-4'-氯偶氮苯 （7.3i）

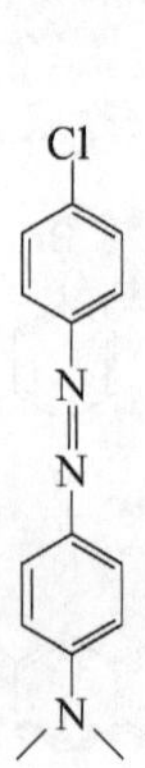

分离产率：74%。^{1}H NMR(400MHz, CDCl$_3$)：δ 7.85(d, J=8.0, 2H), 7.77(t, J=7.6Hz, 2H), 7.41(d, J=8.0Hz, 2H), 6.74(d, J=7.6Hz, 2H), 3.08(s, 6H)。

参 考 文 献

[1] Dabbagh H A, Teimouri A, Chermahini A N. Green and efficient diazotization and diazo coupling reactions on clays [J]. Dyes & Pigments, 2007, 73(2)：239~244.

[2] 舒畅, 廖立华, 张晓梅. 芳基偶氮染料的高效合成[J]. 合成化学, 2014, 22(6)：832~834.

[3] 赵琼, 阮班锋, 吴杰颖, 等. 新型偶氮化合物的合成及其光学性质[J]. 合成化学, 2009, 17(4)：450~452.

[4] Zarei A, Hajipour A R, Khazdooz L, et al. Rapid and efficient diazotization and diazo coupling reactions on silica sulfuric acid under solvent-free conditions [J]. Dyes & Pigments, 2009, 81(3)：240~244.

[5] Roglans A, Pla-Quintana A, Moreno-Manas M. Diazonium salts as substrates in palladium-catalyzed cross-coupling reactions [J]. Cheminform, 2007, 38(5)：4622.

[6] Liu J B, Yan H, Chen H X, et al. Palladium-catalyzed Suzuki cross-coupling of N'-tosyl arylhydrazines [J]. Chemical Communications, 2013, 49(46)：5268~5270.

[7] Liu J, Zhou H, Peng Y. ChemInform Abstract: Palladium-catalyzed Suzuki cross-coupling of arylhydrazines via C—NHNH$_2$ bond activation in water [J]. Tetrahedron Letters, 2015, 45(40)：2872~2875.

[8] Peng Z, Hu G, Qiao H, et al. Palladium-catalyzed Suzuki cross-coupling of arylhydrazines via C-N bond cleavage [J]. Journal of Organic Chemistry, 2015, 46(5)：2733~2738.

[9] Liu J B, Chen F J, Liu N, et al. Palladium-catalyzed Heck coupling of arylhydrazines via C—NHNH$_2$ bond activation [J]. RSC Advances, 2015, 5(57)：45843~45846.

[10] Sambade A, Buschmann H. Synthesis of a nitrite functionalized star-like poly ionic compound as a highly efficient nitrosonium source and catalyst for the diazotization of anilines and subsequent facile synthesis of azo dyes under solvent-free conditions [J]. Dyes & Pigments, 2015, 117(4)：64~71.

[11] Liu J B, Chen F J, Liu E, et al. Copper-catalyzed synthesis of aryldiazo sulfones from arylhydrazines and sulfonyl chlorides under mild conditions [J]. New Journal of Chemistry, 2015, 39(10)：7773~7776.

8 结论与展望

本书主要介绍了磺酰芳基肼参与的偶联反应研究，主要内容如下：

(1) 开发了一种通过还原偶联来制备 N-烷基化磺酰脲的合成新方法（见图 8-1）。在甲醇钠的促进下，不需要过渡金属催化，就能方便地制备多种 N-烷基对甲苯磺酰脲衍生物，反应条件温和，产率中等至优秀。

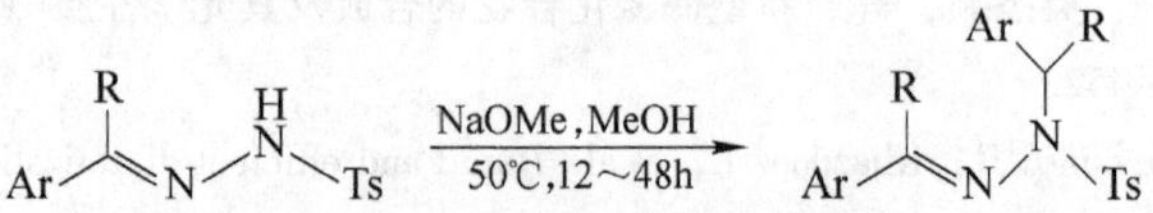

$$\underset{Ar}{\overset{R}{\diagdown}}C=N-\underset{H}{\overset{}{N}}-Ts \xrightarrow[50℃,12\sim48h]{NaOMe,MeOH} \underset{Ar}{\overset{R}{\diagdown}}C=N-N\underset{Ts}{\overset{Ar\ R}{\diagdown}}$$

图 8-1 磺酰脲的 N-烷基化反应

(2) 设计并合成了一类新的偶联试剂——N'-磺酰芳基肼，并研究了其在钯催化下发生的自身偶联反应（见图 8-2）。

$$ArNHNHSO_2R \xrightarrow[DMSO,25\sim60℃]{PdCl_2/K_2CO_3} Ar-Ar$$

图 8-2 自身偶联反应

(3) 发展了 N'-磺酰芳基肼参与的 Suzuki 交叉偶联反应（见图 8-3）。在过渡金属钯盐催化下，N'-磺酰芳基肼与各种芳基硼试剂反应，高产率地得到系列联芳烃。这对拓宽 Suzuki 偶联反应范围具有重要意义。

$$ArNHNHTs + Ar'B \xrightarrow[DMSO/N_2/60℃]{Pd(OAc)_2(摩尔分数2\%) \atop K_2CO_3(摩尔分数200\%)} Ar-Ar'$$

图 8-3 Suzuki 交叉偶联反应

(4) 发展了 N'-磺酰芳基肼与烯烃和炔烃的交叉偶联反应（见图 8-4）。N'-磺酰芳基肼在 Heck 和 Sonogashira 偶联反应中，均表现出很高的反应活性。进一步表明 N'-磺酰芳基肼在多种偶联反应中具有广泛的适用性。

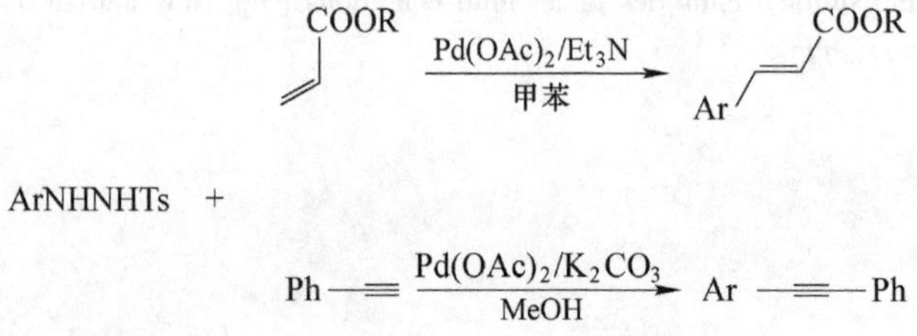

图 8-4 Heck 和 Sonogashira 偶联反应

(5) 在室温下，以 N'-芳基苯磺酰肼为原料，甲醇为溶剂，三乙胺为碱，醋酸铜催化下高效地合成了一系列 N'，N'-二芳基苯磺酰肼（见图 8-5)。该方法操作简便，产率较高，为简单、高效地合成多取代磺酰肼衍生物提供了新的方法选择。

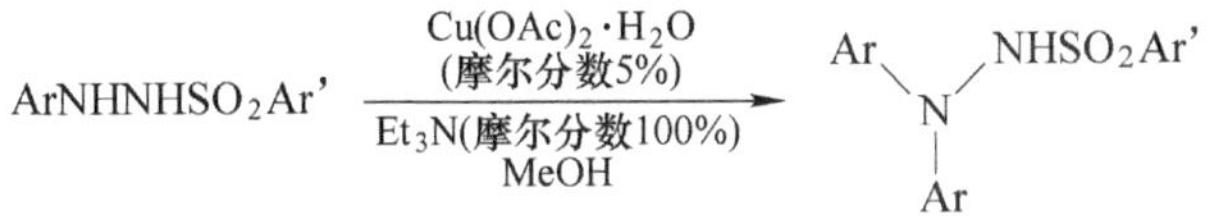
ArNHNHSO2Ar'
Cu(OAc)2·H2O
(摩尔分数5%)
Et3N(摩尔分数100%)
MeOH
Ar
NHSO2Ar'
N
Ar

图 8-5 芳基化偶联反应

(6) 室温下，以 N'-对甲苯磺酰芳基肼，2-萘酚及 N，N-二甲基苯胺为原料，二氯甲烷为溶剂，碳酸钾为碱，空气氛围下，以较高产率高效地合成了一系列偶氮类染料（见图 8-6)。该方法具有操作简便、安全、避免使用强酸等优点，为简单、绿色地合成偶氮类染料提供了新方法。

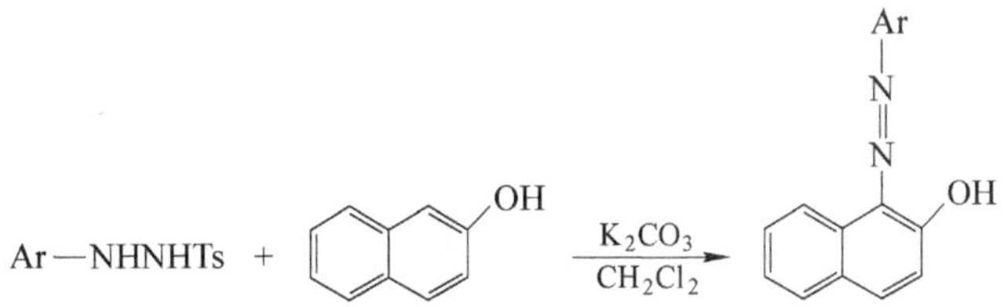
Ar—NHNHTs +
OH
K2CO3
CH2Cl2
Ar
N
N
OH

(a)

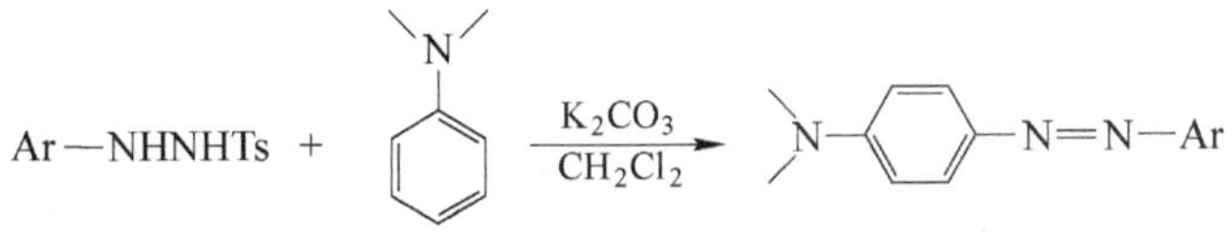
Ar—NHNHTs +
N
K2CO3
CH2Cl2
N
N=N—Ar

(b)

图 8-6 与富电子芳烃的偶联反应

关于 N'-磺酰芳基肼参与的偶联反应机理还有待进一步深入研究，并进一步拓宽其参与的反应类型。

附录 代表性化合物核磁图谱

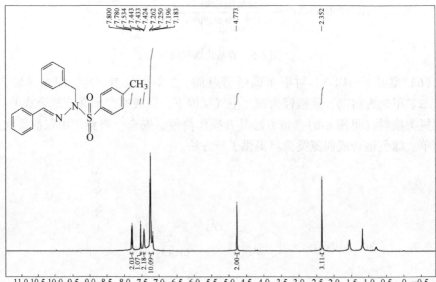

化合物2.2a ¹H NMR图谱

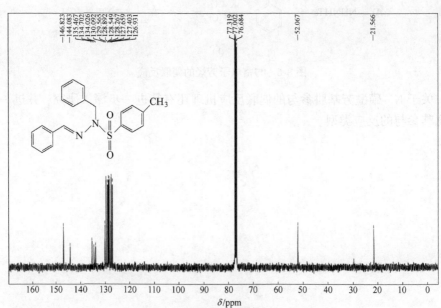

化合物2.2a ¹³C NMR图谱

附录 代表性化合物核磁图谱

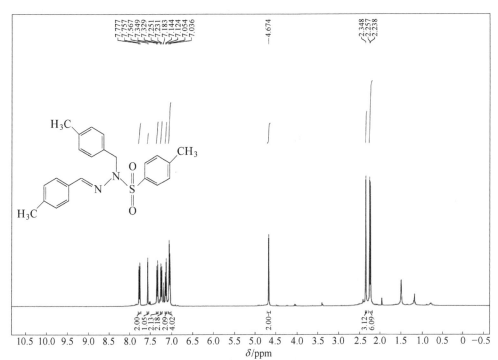

化合物2.2b ¹H NMR图谱

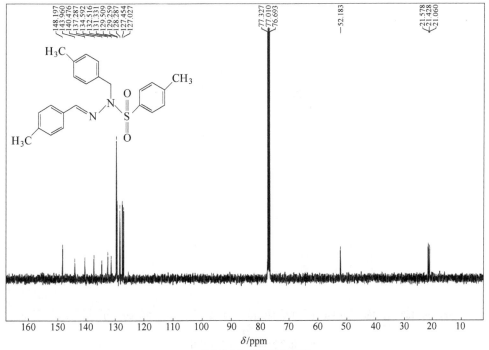

化合物2.2b ¹³C NMR图谱

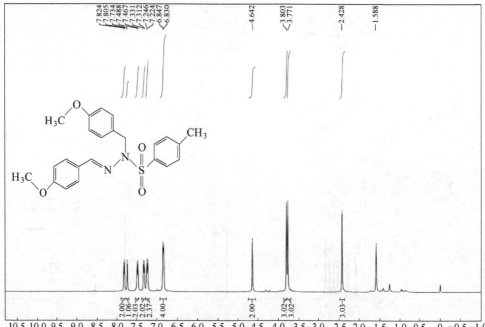

化合物2.2c ^{1}H NMR图谱

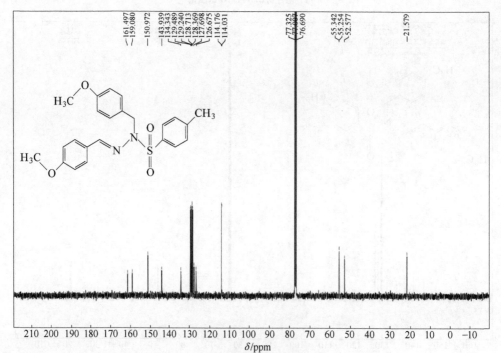

化合物2.2c ^{13}C NMR图谱

附录　代表性化合物核磁图谱

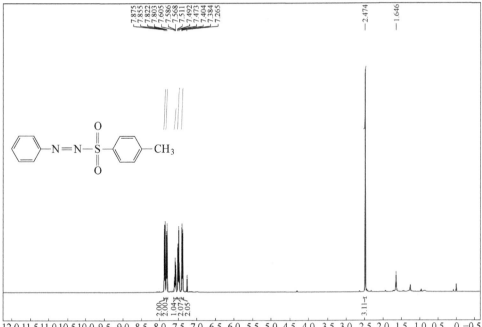

化合物**3.4a** ^{1}H NMR图谱

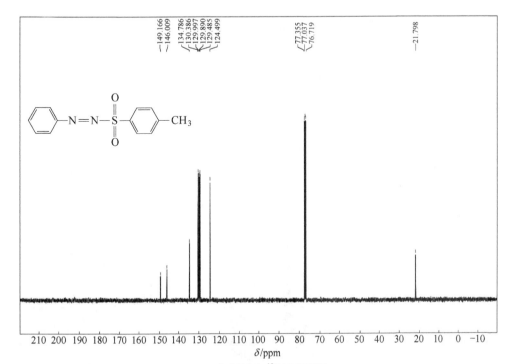

化合物**3.4a** ^{13}C NMR图谱

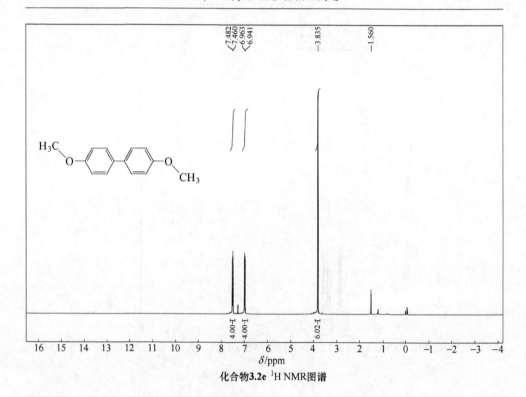

化合物3.2e ¹H NMR图谱

化合物3.2f ¹³C NMR图谱

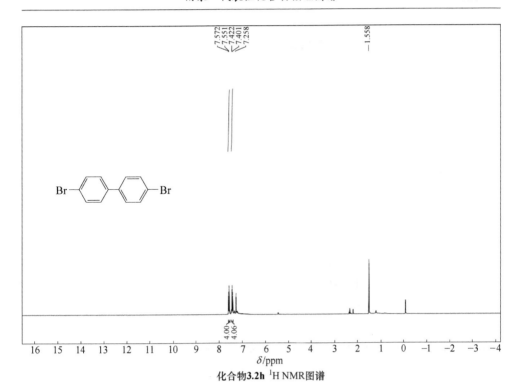

化合物**3.2h** ^{1}H NMR 图谱

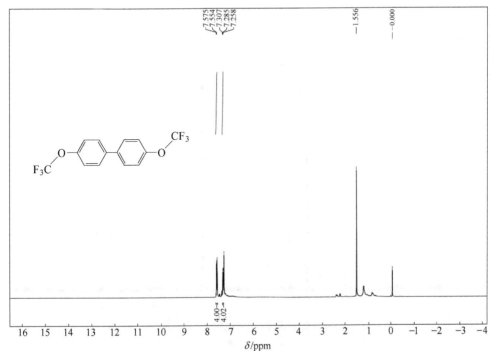

化合物**3.2i** ^{1}H NMR 图谱

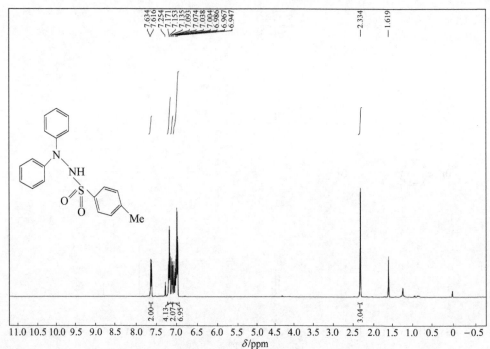

化合物6.2a ^{1}H NMR图谱

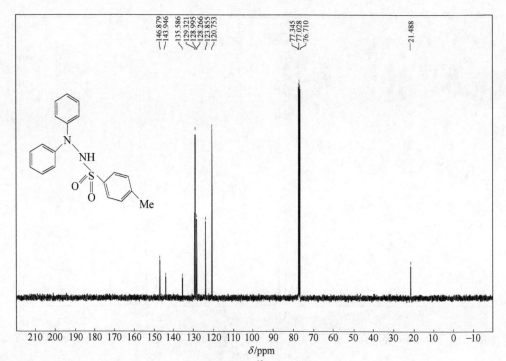

化合物6.2a ^{13}C NMR图谱

附录 代表性化合物核磁图谱

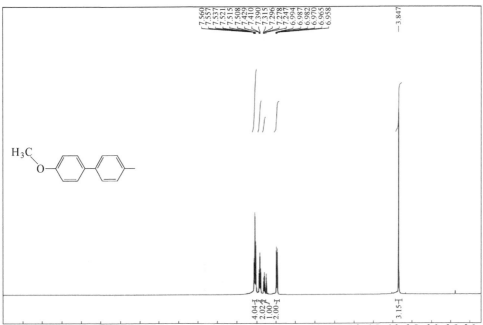

化合物4.3aa ¹H NMR图谱

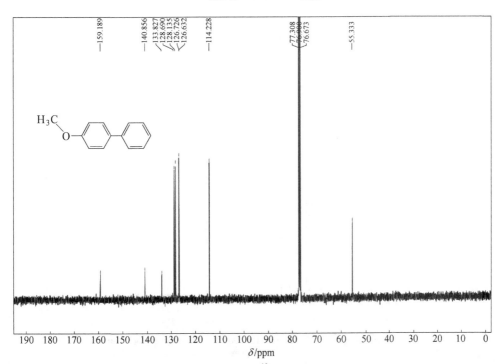

化合物4.3aa ¹³C NMR图谱

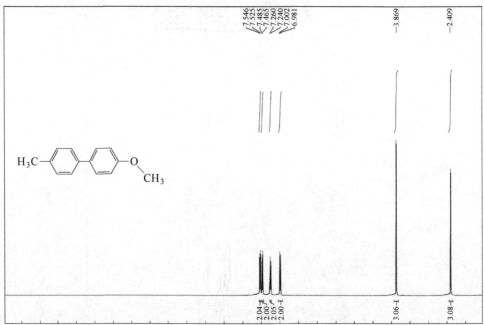

化合物**4.3ba** ¹H NMR图谱

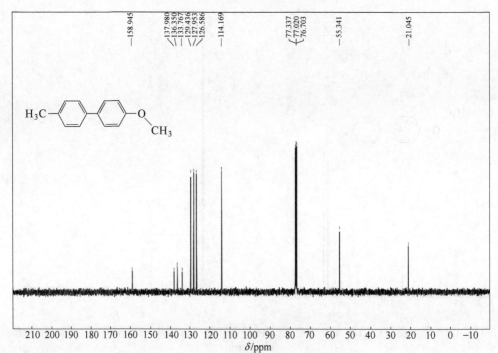

化合物**4.3ba** ¹³C NMR图谱

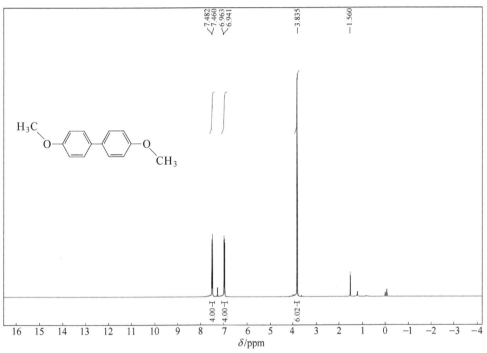

化合物4.3ca ^{1}H NMR图谱

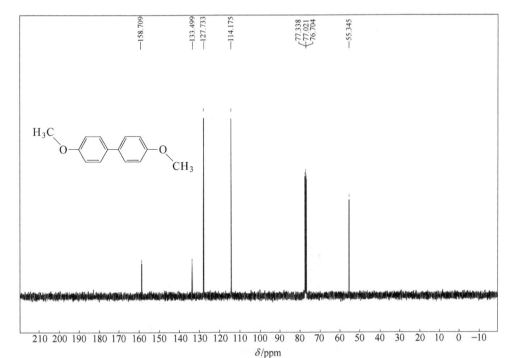

化合物4.3ca ^{13}C NMR图谱

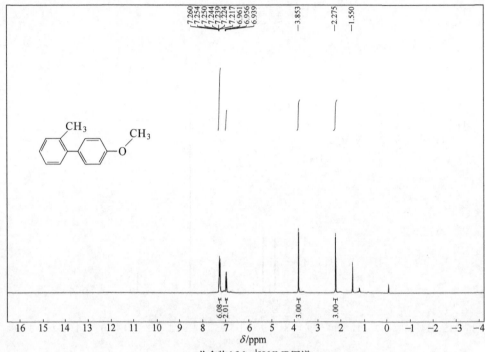

化合物**4.3da** ^{1}H NMR图谱

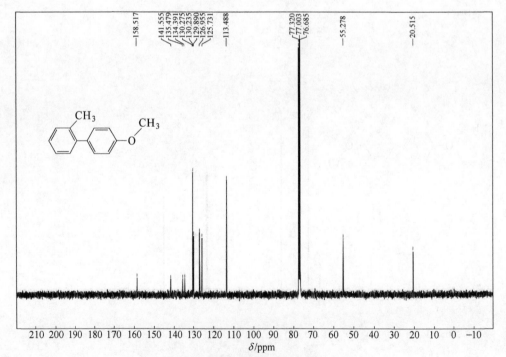

化合物**4.3da** ^{13}C NMR图谱

附录 代表性化合物核磁图谱

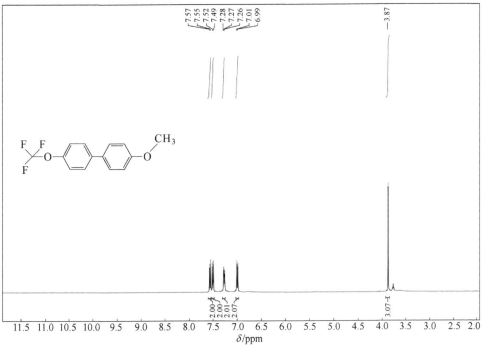

化合物4.ea ^{1}H NMR图谱

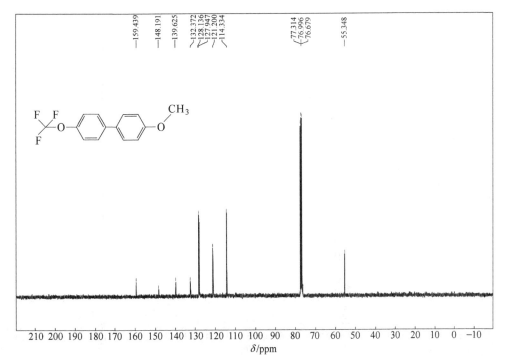

化合物4.ea ^{13}C NMR图谱

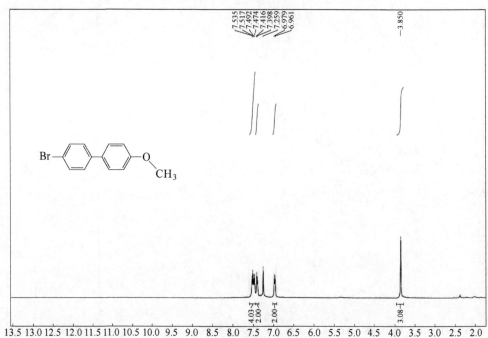

化合物4.31 ¹H NMR图谱

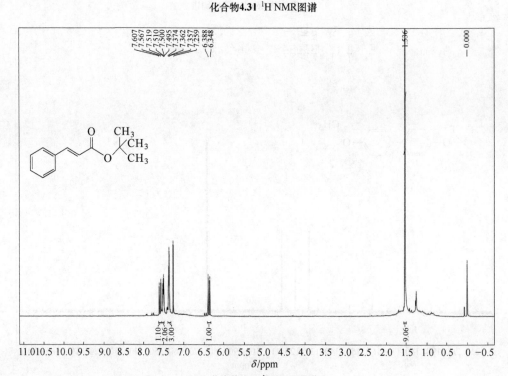

化合物5.1a ¹H NMR图谱

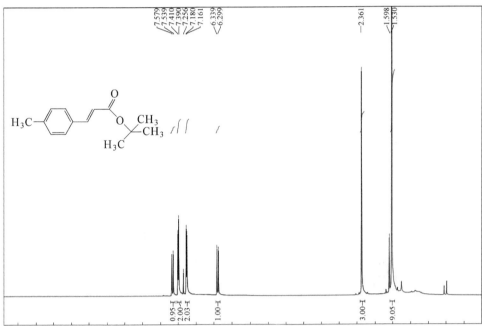

化合物**5.1b** ^{1}H NMR图谱

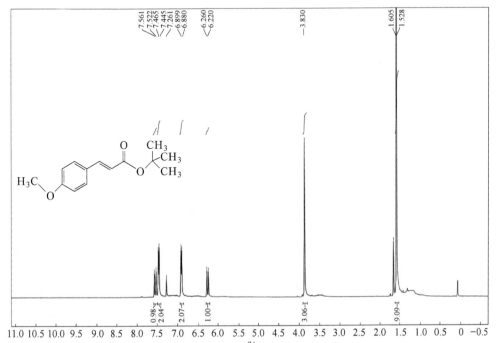

化合物**5.1c** ^{1}H NMR图谱

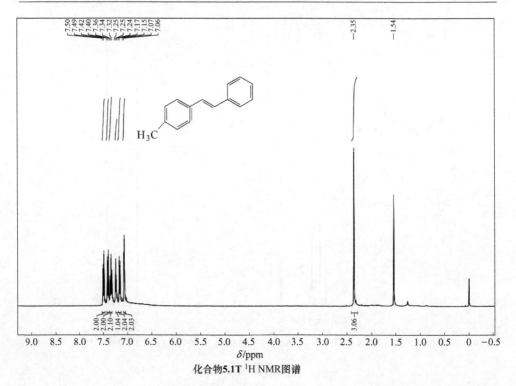

化合物**5.1T** ^{1}H NMR图谱

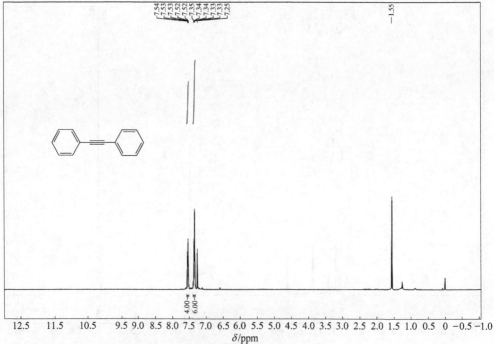

化合物**5.2a** ^{1}H NMR图谱

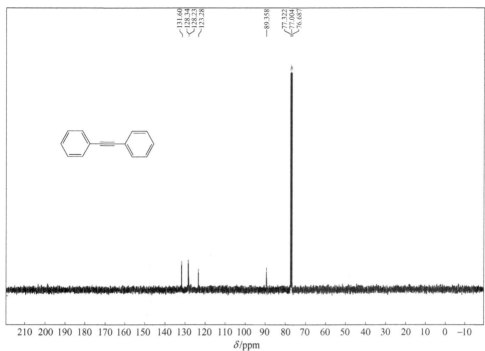

化合物5.2a ^{13}C NMR图谱

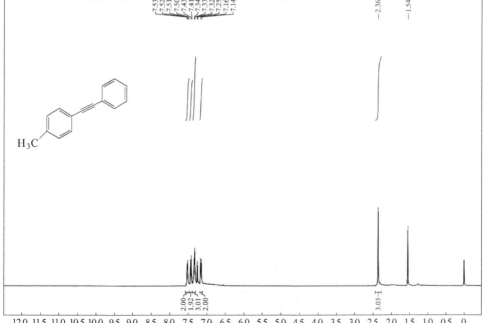

化合物5.2b ^{1}H NMR图谱

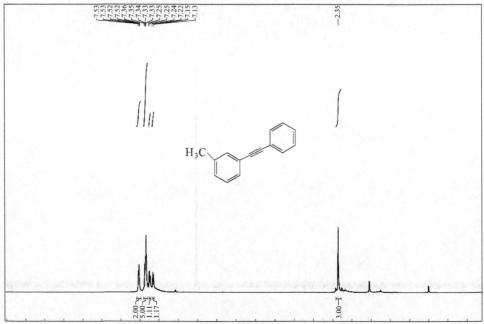

化合物**5.2c** ¹H NMR图谱

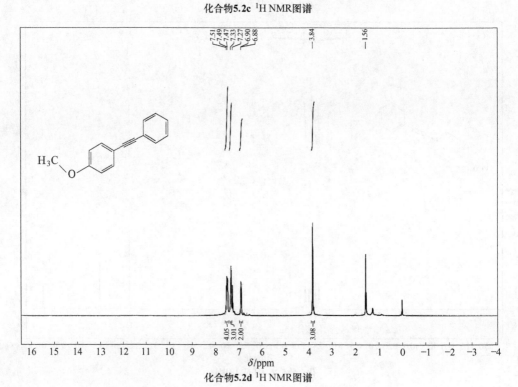

化合物**5.2d** ¹H NMR图谱

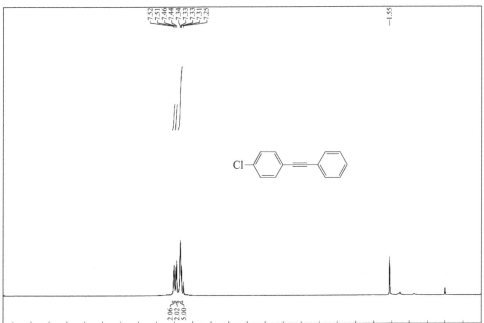

化合物5.2e ^{1}H NMR图谱

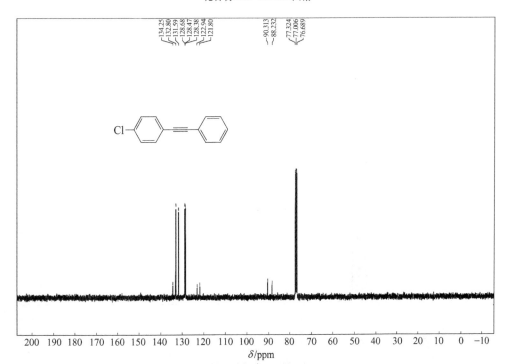

化合物5.2f ^{1}H NMR图谱

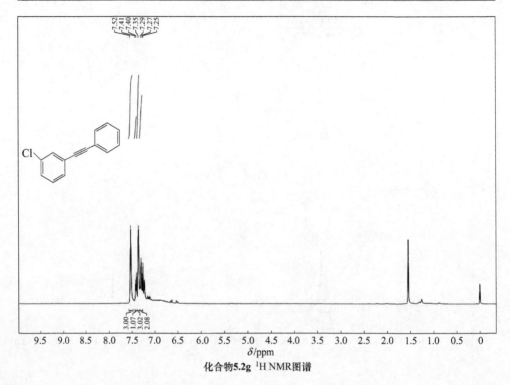

化合物**5.2g** ¹H NMR图谱

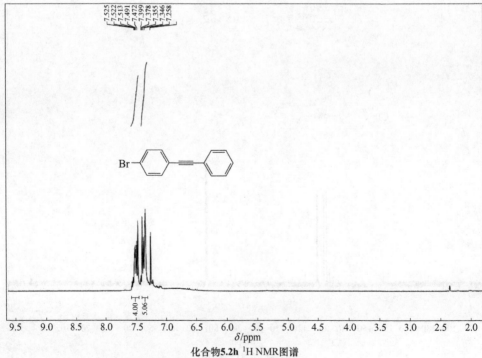

化合物**5.2h** ¹H NMR图谱

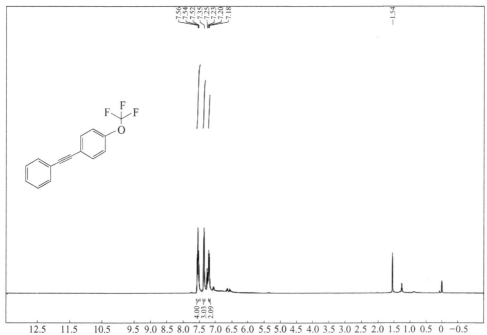

化合物5.2i ¹H NMR图谱

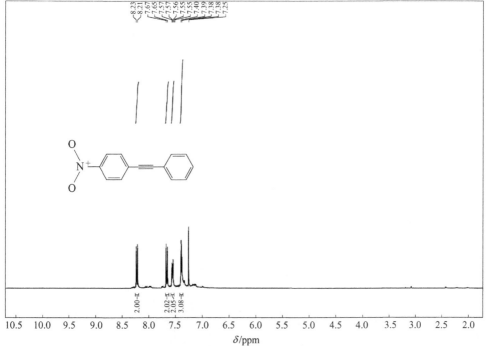

化合物5.2j ¹H NMR图谱